故事課

3分鐘說18萬個故事，打造影響力

HOW TO
BE
AN INFLUENTIAL
STORYTELLER?

華語世界
首席故事教練
許榮哲

【推薦序】

你何時才要逃出人生牢籠？

歐陽立中（Super 教師／爆紅文寫作教練）

有次，我在車店，看上了一台海軍藍的腳踏車。一問之下，竟要五千多元！完全超乎我的預算。儘管車店老闆努力的告訴我，這台車有多好，配件有多齊，但「理性」不斷告訴我：「太貴了！買便宜能騎的就好。」

突然，老闆問我為什麼來買腳踏車。我說，因為原先那台停在捷運站被偷走了。這時，老闆跟我講了一個故事。

他說，曾經有個客人也是把車停在捷運站，結果工作回來，要騎車時傻眼。為什麼呢？他不是像我一樣車子被偷，而是車子被鎖！

車子被鎖？對！因為旁邊有輛腳踏車，可能太怕被偷還怎樣，竟然在鎖車的時候，把附近的車也串在一起。於是這個客人的車，就硬生生的被鎖住。這客人急得要命，又不能請鎖匠破壞別人的車鎖。

實在沒辦法，他想說碰碰運氣，問問看車店老闆能不能幫忙。老闆一口答應，帶著工具箱趕過去。後來，他把腳踏車拆掉，從鎖中移出，再重新組車。終於在不破壞鎖的狀況下，成功道路救援！

老闆的故事說到這，一個聲音在我腦中出現：「哇！這老闆的服務也太用心，跟他買車不會錯的！」那聲音，來自「感性」。最後，我心甘情願買了這輛車。

你發現了嗎？是什麼改變了我的決定？

不是冰冷的資訊，而是溫暖的故事。

我們總以為人是理性的，所以我們說教，最後被對方拒於門外。但你知道嗎？說教是一種慢性自殺，讓你的影響力一點一點流光。所以，你還不趕快靠故事力挽狂瀾？

榮哲是我見過最會說故事的人，更神奇的是，他的故事，會成為你腳前的燈，指引你朝著夢想，大步前進。

印象最深刻的，是我聽他談電影《刺激一九九五》，那是個銀行家越獄成功的故事。但榮哲語鋒一轉，反問聽眾：「你願意鼓起勇氣，逃出人生的牢籠嗎？」全場震撼！

原來，我們都是囚徒，深陷困局。那些牢房房號分別是「社會眼光」、「父母期待」、「膽怯怕事」、「生活壓力」……我們逃不出，於是人生成了一場無期徒刑。

榮哲的《故事課》，就像是《刺激一九九五》主角安迪的那把石鎚，渴望著自由，每天一點一點的敲，於是你看見：

賈伯斯的英雄旅程、畢卡索成名祕密、邱吉爾的逆轉勝……

儘管囚房黑暗依舊，但是你彷彿眼前一亮，繼續用石鎚敲啊敲啊。於是，你學會了：

靶心人公式、三十六種劇情模式、商業廣告兩種套路與三個角度……

你擦擦汗，開始想像逃出牢籠以後的生活：

成為作家、成為講師、打造個人品牌！

突然，一線曙光，透進幽暗的牢房，看著已經磨到所剩無幾的石鎚，你終於笑了，但眼裡卻噙著淚。

對！那個成功逃離人生牢籠的，是我。

我帶著榮哲的故事石鎚，寫紅了幾篇文章，出了暢銷書，到處演講。榮哲總要我別稱他老師，我嘴上改了，但心裡總改不掉，因為他確確實實，是我的人生導師。

現在，我要將這把故事石鎚轉交給你了，願你成為下一個，成功逃出人生牢籠的越獄者。

相信我，外面的世界，遠比你想像的精彩。

【推薦序】

笨拙的人講道理，聰明的人說故事

羅振宇（「羅輯思維」創始人）

我曾經看過一個故事。一個失明的老人坐在一棟大廈的台階邊乞討，旁邊的紙板上面寫著：「我是個盲人，請幫幫我。」

他是那麼可憐，可是路過的人卻很少回應他。一個漂亮女孩子從他旁邊走過，突然回身，把老盲人的紙板翻過來，唰唰寫下了一行字，然後離開。

奇蹟發生了——人們紛紛把硬幣放到老人跟前。

長日將盡，女孩再次路過，老人摸到熟悉的鞋子，問她：「你在我的紙板上寫了什麼？」

女孩答：「同樣的話，只是用了不同的語言。」

她寫的是：「這真是美好的一天，而我卻看不見。」

在我看來，「我是個盲人，請幫幫我」是道理，而這個聰明女孩寫的——是故事。

故事，不是編造的用來消遣娛樂的奇異情節，而是製造把人們帶入其中情境，讓他們跟著你一起呼吸、心跳。故事是人類歷史上最古老的影響力工具，也是最有說服力的溝通技巧。

未來的一切產業都是媒體產業。未來的廣告、行銷、遊戲，甚至更廣泛的職場和商業領域，都要求人人必須擅長說故事，能不能在三分鐘內打動面試官、合作夥伴、投資人或者消費者，說好故事很重要。我們永遠記得賈伯斯在蘋果的產品發表會上侃侃而談的樣子，他不是在向我們推銷3C產品，而是用故事來行銷一種價值。

可是很多人都在發愁：我不會說故事啊，我沒有天賦。

我們中國人有一個巨大的認識誤區——文章本天成，妙手偶得之。關於說故事，我們好像更相信它是天才靈感突現的結果，不可複製，更沒有規律可尋。所以我們的大學裡，即便有寫作課，教的多半是應用文的寫作規範。但在美國，哈佛大學把寫作課作為全校唯一的必修課。在其他很多名校，也都開設「虛構寫作課」，教學生說故事的心法和技巧。而學這門課的，可不光是想當作家的學生。

說好故事，其實是有套路的，只是你之前不知道。許榮哲就是那個把製造故事和使用故事的祕密揭開給你看的人。這本書，看到目錄就覺得很心動——

如何用三分鐘說一個完整的故事？

如何用一分鐘說一個精彩的故事？

甚至，如何用十秒鐘說一個說服人的故事？

原來，說故事也可以通關打怪，一路升級，而許榮哲就是身懷絕技的高人。而且，這個高人還願意從旁點撥，把武功祕笈分享給你。我們普通人，就趕緊偷著樂吧。

笨拙的人講道理，而聰明的人，會說故事。

【自序】

世界是你的，去拿它

關於影響力，我最喜歡的故事是底下這一個。

二十四歲以前，我的家鄉若需要參考座標，必須用知名度高一級的麻豆和新營來導航，否則無法抵達。

「下營，位於麻豆和新營中間。麻豆，中秋月餅的好夥伴，柚子的故鄉。至於新營不用介紹，因為有火車經過。」

事實上，下營不只流著海盜的血液，同時也散發著神明的仙氣。但小時候，沒人告訴我這些，所以我一點也不尊敬它。

二十四歲之後，我開始說故事，裝神弄鬼的開關被打開了，參考座標變成了海盜和神明。

介紹家鄉時，我會故作神祕：「呼，那個地方啊，恐怖喔……殺人縣．會贏鄉．贏錢村。」（台南縣．下營鄉．營前村的台語發音。）

「殺人？贏錢？這是海盜住的地方吧？」

「沒錯，我的家鄉下營確實跟海盜有關。」

下營的周遭還有柳營、林鳳營、中營、新營、左營……這些名字裡帶有「營」字的鄉鎮，大都是當年鄭成功軍隊來台駐紮、開墾的地方。

「你的意思是……鄭成功是海盜？」

「錯、錯、錯，鄭成功不是海盜，他的老爸鄭芝龍才是。」

一半商人一半海盜的鄭芝龍，後來投降明朝，明朝滅了之後，被接續的政權清朝誘降。清朝利用鄭芝龍，希望他兒子投降，但鄭成功一直不從。

「所以，我們是海盜的後代！」

除了弄鬼，我也喜歡裝神，像明朝的開國皇帝朱元璋一樣。

下營最著名的地標「玄天上帝廟」，其中供奉的神明，當地人就像喊自己的爹一樣，親切的叫祂一聲「上帝爺」。上帝爺是鄭成功從中國帶來的，但源頭在朱元璋身上。

話說，元朝末年，朱元璋和陳友諒爭奪天下。打了大敗仗的朱元璋，一個人往武當山逃，在後有追兵的情況下，遠遠看到前面有間破敗的小廟，想都沒想就衝了進去——沒想到門口結滿蜘蛛絲。

躲進供桌底下的朱元璋，抹了抹臉上的蜘蛛絲，心都涼了，因為追兵一到，看見門口破碎的蜘蛛絲，肯定會進來搜索。

看來今天就是命喪之日，朱元璋悲從中來，忍不住哭了。朱元璋一哭，廟裡突然傳來笑聲。他一驚，左看右看，根本沒人啊。隨後，他再哭，廟又笑。抬頭一看，笑聲居然來自廟裡的神明。

朱元璋賭氣的說，萬一今天他有命活，明天就把廟拆了。

隨後，追兵到了。正當小兵要進廟搜索時，立刻被大將軍喝止：「你是笨蛋嗎？廟門口布滿密密麻麻的蜘蛛絲，這代表廟裡沒人！」

怎麼可能？蜘蛛絲不是被自己撞毀了嗎？朱元璋摸一摸臉，蜘蛛絲全不見了。抬頭看看神明，祂又笑了。

逃過一劫的朱元璋，最後當上皇帝，為了感念小廟神明的相助，於是下了一道聖旨，封祂為明朝的「開國神明」，並升級為「玄天上帝」。

這個故事怎麼來的？

我個人認為最可靠的說法是：歷代君王皆世襲，老子傳兒子，但朱元璋是一介平民百姓，為了給自己一個正當性，他編造了這個故事，用來告訴百姓，他的皇位是神明賜與的。憑著玄天上帝的故事，朱元璋瞬間逆轉勝，而且是渾身發光的那種逆轉勝。

後來，鄭成功帶著軍隊來到台灣，他是為了反清復明而來，既然是要復「明」，那麼帶誰來最好？當然是明朝的開國神明「玄天上帝」。這也就是為什麼，鄭成功駐紮的地方，都跟「營」有關，例如下營，我的家鄉。

不喜歡自己的故事，可以，那就為自己打造一個喜歡的故事。

朱元璋用故事改變了自己的命運：老天爺不給他皇帝命，他就自己說一個——神明命。

世界是你的，但你必須自己去拿。

至於怎麼拿？

說一個有影響力的故事。

PS.特別感謝書寫過程中，兩位故事高手歐陽立中、李洛克的溫暖相助，沒有他們，這套書將遜色許多。我很會說故事，是因為我很會聽故事，尤其是巨人的故事——《影響力》、《創意黏力學》、《故事要瘋傳成交就用這5招》等。

站在巨人的肩膀，我也成了巨人；現在我蹲下來了，你可以踩上我的肩，成為下一個巨人。

目錄

第 1 課

故事是什麼？

小說是故事，廣告也是故事，
甚至連對話都可能是故事。
唯有強烈意識到，我們身邊滿滿的都、是、故、事，
你才會興奮的跳起來，
像抓寶可夢那樣，把故事統統捕捉下來，變成你的寶物。

故事是什麼？英國小說家佛斯特（E. M. Forster），在《小說面面觀》一書裡，針對「故事」和「情節」各下了一個定義：

所謂「故事」就是依照「時間順序」排列的事件。

至於「情節」，則是依照「因果邏輯」排列的事件。

佛斯特舉了一個生動的例子。

「國王死了，然後王后也死了」是故事，因為它著重的是「時間順序」。如果改成「國王死了，王后因為傷心而死」則是情節，因為它注重的是「因果邏輯」。

以上是嚴謹的定義，但一般人根本分不清，在人們的既定印象裡，依「時間順序」排列的事件是流水帳，而依照「因果邏輯」排列的事件，才是故事。

除非你要去參加小說考試，否則我強烈建議你：把佛斯特的話忘了。

現在，我給故事一個「寬鬆的說法」，比白居易還大眾，販夫走卒、老人小孩都聽得懂的說法，那就是……**凡是能引發「情感波動」的，都是故事。**

從這個角度來看，**小說是故事，廣告也是故事，甚至連對話都可能是故事。**底下，我們分別舉小說、廣告、對話為例，雖然它們都只有短短一句話，但就是故事無誤，因為它們都引發了讀者的情感波動。

唯有強烈意識到，我們身邊滿滿的都、是、故、事，你才會興奮的跳起來，像抓寶可夢那樣，把故事統統捕捉下來，變成你的寶物。

小說

一聽到「小說」，很多人立刻打退堂鼓，因為他腦子裡第一個跳出來的關鍵字是「長」。

小說＝長？這是個錯誤的認知，一旦有了這樣的認知，人們就不知不覺把小說推遠了——「這個太難了，我不可能學得會。」

現在，我們請小說家海明威，來幫大家打破這個錯誤的認知。

某次，海明威在酒吧喝酒，有個好事者知道他是作家之後，立刻上前挑譬：「我用十塊錢跟你打賭，你沒辦法用六個字寫出一篇小說。」

這位挑戰者，顯然跟一般人一樣，有著「小說＝長」的錯誤認知。

海明威笑了笑，放下手中的酒，當場寫下六個字：

待售：從沒穿過的嬰兒鞋。（For Sale: Baby shoes, never worn.）

海明威一拳把人們的認知打倒。小說可以長到幾百萬字，也可以短到六個字，甚至更短。

廣告

相信大家都聽過一個止痛藥廣告：「普拿疼不含阿斯匹靈、不傷胃。」

這是文案吧？沒錯，但它同時也是故事。

文案其實就是利用故事的特性，來引發讀者喜歡或厭惡的情感波動。

我們來看一看主角普拿疼如何說故事。

普拿疼和阿斯匹靈都是止痛藥。阿斯匹靈的藥效比較強，且含有消炎的成分，容易傷胃。相較之下，普拿疼確實比較溫和，但它也有副作用，它會傷肝。以上是兩者之間的差異，優劣各半。

廣告最常用的方法是「說自己的好話」或「說對手的壞話」，然而普拿疼卻巧妙的二合一，把好話和壞話融為一體——輕輕說對手的壞話（阿斯匹靈傷胃）之後，一個巧勁，變成了大大讚美了自己（普拿疼不傷胃）。

普拿疼說的全是實話，只是它刻意隱藏了重要的實話（普拿疼傷肝），誇大了其實並不重要的實話（普拿疼不傷胃）。

會說故事的人，短短的一句話，就美化了自己，醜化了敵人，最厲害的是他說的全、都、是、實、話。

對話

底下是我的親身經歷。

某次，等高鐵時，我身旁坐了一個七十歲左右的老人，身穿白西裝，頭戴高筒帽，腳踩紅皮鞋，簡直像是戲劇裡走出來的人物。

沒多久，迎面走來一個十八歲左右的女孩，身穿熱褲，身材高挑，臉蛋清秀，手裡拿了一本時尚雜誌。

老人上上下下打量女孩幾眼，然後只說了一句話，就打開女孩的話閘子，隨後她跟老人足足聊了半個多小時。老人簡直就是撩妹高手！

我常問學生：「老人到底說了什麼？」

最常見的回答有兩種：

一、裝可憐：「小姐，我迷路了，你能帶我回家嗎？」

這個方法非常糟。

1 它是謊言，有拆穿的危險。

2 你醜化了自己。

二、找關係：「小姐，你跟我孫女長得好像喔。」

這個方法比上一個好，但還是不好。

1 它還是謊言，雖然比較不容易被拆穿。

2 你還是醜化了自己（雖然你本來就是老人，但你不應該強化這一點）。

那麼老人到底說了什麼？

老人只用了一個「問句」，就打開女孩的心房。他說：「小姐，請問你是模特兒嗎？」

這個方法太棒了。

1 問句從來不會說謊。

2 模特兒是讚美的意思，老人意在讚美女孩身形好、外貌佳。

3 從女孩手上的雜誌，看出女孩對模特兒這行業心嚮往之。

讚美永遠不會錯，如果再加上「對的人」，那麼效果不得了。

老人的一句話就是一個故事，它讓女孩這個聽眾，情感產生劇烈的波動。

以上三個故事，三種不同類型，分別從不同角度引發人的「情感波動」，更重要的是它們都極短、極短、極短，所以不要再說故事太長、太難、離你太遠了。恰好相反，故事很簡單、非常簡單、簡單得不得了。唯有如此的認知，你才能隨時隨地展開學習的旅程。

現在，請跟著我複誦一遍：**故事很簡單、非常簡單、簡單得不得了。**

旅程開始了！

重點筆記

- 凡是能引發「情感波動」的，都是故事。
- 小說是故事，廣告是故事，對話都可能是故事。即使只有短短的一句話，只要引發了讀者的情感波動，就是故事無誤。
- 故事很簡單、非常簡單、簡單得不得了。唯有如此認知，才能隨時隨地展開學習的旅程。

第 2 課

三分鐘說一個完整的故事

三分鐘？一個完整的故事？

怎麼可能？騙人的吧！

學會一個公式，就可以套用在萬事萬物上。

那……它可以拿來行銷嗎？

當然可以，不管賣什麼東西都可以。

在這堂課開始前，我要先誇下海口：上完這堂課的朋友，每一個人都可以在三分鐘之內，說一個完整的故事。

但如果上完這堂課，還是說不出故事呢？

這時，你有兩個選擇：

一、從此不再相信這門課，因為你被騙了。

二、繼續下一堂課，因為你抓到感覺了，只是還需要時間好好練習……

靶心人公式

首先，讓我來告訴各位，許榮哲，也就是我，到底是誰？我是怎麼學會「三分鐘說一個故事」的？

一九九八年，我在台灣大學讀研究所，研究的是水庫操作。那一年，為了從枯燥的碩士論文裡逃出來，我一邊寫論文，一邊到電視台學編劇，沒想到竟意外改寫了我的人生。

我永遠記得編劇班的第一堂課是「故事的公式」。台上的老師是個七十多歲、擁有三十多年編劇經驗的老編劇。他站在台上，自信滿滿的說，只要問自己「七個問題」，就可以在三分鐘之內，立刻說出一個「有頭，有尾，有衝突，有轉折」的完整故事。

三分鐘？一個完整的故事？

怎麼可能？騙人的吧！

老編劇繼續說，當他教完這個公式之後，每個人都要上台說三分鐘的故事。說不出來的人，直接去櫃枱把報名費九千元除以二等於四千五百元領回去，從此以後不要再來了。也就是直接退學，並且沒收一半的學費。

老編劇說：「你們想當編劇，我都告訴你公式了，你還不會用，那我們最好不要浪費彼此的時間。但是你已經浪費我一堂課的時間了，所以要沒收一半的學費。」

第一堂課就被威脅說很有可能被退學，大家的臉都綠了。

隨後，老編劇傳授我們三十多年編劇生涯教會他的「故事的公式」。所謂故事的公式，其實就是問自己「七個問題」：

第一個問題：主人翁的「目標」是什麼？

第二個問題：他的「阻礙」是什麼？

第三個問題：他如何「努力」？

第四個問題：「結果」如何？（通常是不好的結果。）

第五個問題：如果結果不理想，代表努力無效，那麼，有超越努力的「意外」可以改變這一切嗎？

第六個問題：意外發生，情節會如何「轉彎」？

第七個問題：最後的「結局」是什麼？

把上面的七個問題簡化之後，就可以得到故事的公式：

1.目標→2.阻礙→3.努力→4.結果→5.意外→6.轉彎→7.結局

不論是小說、電影，還是漫畫，只要它的核心是故事，大部分都有類似的戲劇結構。

真有這麼神奇？不信我們挑一部耳熟能詳的小說來驗證一下。

我們以科幻小說之父，法國小說家儒勒・凡爾納（Jules Gabriel Verne）的代表作《環遊世界八十天》為例。

一、**目標**：主人翁霍格跟朋友打賭，要在八十天之內環遊世界一周，雙方以全部財產作賭注。就這樣，霍格從英國倫敦出發，展開他追趕時間的旅程。

二、**阻礙**：霍格被誤認為銀行大盜，沿途遭警察用各種方法阻攔，加上霍格是個軟心腸的好人，常出於各種善意耽誤了行程，例如他從印度婆羅門教徒手中，救了一個即將被陪葬的印度女孩。

三、**努力**：主人翁用盡各種方法追趕時間，例如冒著生命危險、乘坐大象抄捷徑走進死亡叢林、乘坐火車強行飛越底下是滾滾河水的斷橋……，好幾次都差點丟了性命。

四、**結果**：環遊世界一周，回到英國倫敦。霍格一共花了八十天又五分鐘，也就是輸掉了比賽。

五、意外：令人意想不到的是……根據出發地英國倫敦的日期顯示，霍格只花了七十九天又五分鐘。（不是八十天又五分鐘嗎？怎麼突然變成七十九天又五分鐘？）

六、轉彎：情節大逆轉，原來是因為地球「自轉」的緣故，造成各地時間不一，形成所謂的「時差」。所以當霍格往東走，繞地球一圈，所花費的天數就會減少一天。反之，如果往西走，則會多出一天。

七、結局：主人翁霍格不只贏得最後的比賽，還因為好心腸抱得美人歸。

小說家儒勒．凡爾納當年創作《環遊世界八十天》時，肯定沒學過「故事的公式」，但何以會有如此驚人的巧合？其實不是巧合，而是**隱藏在故事裡的內在邏輯，都有一張大同小異的相似臉孔**。

學完編劇之後，我的內心無比激動。**原來每個人都有說故事的天分，只要遇到對的人，就能把故事的開關打開**。很幸運的，你們遇到了我，我要來打開你們的故事開關了。

我把當年學到這「七個問題的故事公式」，改名為「靶心人公式」。「靶心」就是目標的意思，一個人只要有了目標，接下該做什麼事，自然會一清二楚。如果靶心人公式只能套用在小說、編劇上，那就太遜了。我再強調一次，靶心人公式可以套用在萬事萬物上。

沒錯，你沒聽錯，就是萬事萬物。那……它可以拿來行銷嗎？

當然可以，不管賣什麼東西都可以。

這麼神？

就是這麼神。

不信，我們舉兩個例子：橙子和蘋果。來看看別人是怎麼用故事賣東西。

褚橙翻身

我們先從褚時健和他的褚橙開始說起。

以前的年代，好吃的東西，名聲可以傳幾十里，大街小巷都知道。但在這個網路時代，有「故事」的東西，名聲可以傳幾百幾千幾萬里，不只全國上下，甚至海內外都知道。我們來舉個中國著名的例子——褚橙。

我這輩子從沒吃過褚橙，但我每次到大陸，都有朋友跟我提到褚橙的故事。他們不是告訴我說褚橙有多好吃，一定要去嘗嘗，而是告訴我褚橙的故事有多麼傳奇、多麼感人、多麼勵志。一個好的故事，就像褚橙一樣，它會自己長出腳來，自己去傳播，還不用付錢給別人。

褚橙之所以這麼有名，跟創造它的主人有關，褚橙的主人叫褚時健。

現在我們就用靶心人公式——七個步驟說一個完整的故事，來跟褚時健的傳奇人生比對一下。

一、目標

褚時健，一個農村小孩，目標是想要成就一番事業。

二、阻礙

褚時健年輕時參加過戰爭，當過游擊隊員。不是過個水、沾個醬油那一種，而是親自把自己哥哥的屍體從戰場上背回來，每天跟子彈、砲火打交道的那一種游擊隊員。經過戰火洗禮的他，養成了軍人性格，既直接，又執著，常常一不小心就得罪人，連他自己都不知道。

三、努力

努力了大半輩子，直到五十一歲，褚時健好不容易當上了一個老舊、破敗小地方菸廠的廠長。

曾經上過戰場的褚時健，不只有老鷹的眼光，還有老虎的行動力。他做了一個關鍵性的重要決策：跳過菸草公司，直接向菸農買貨。

緊接著，他繞過供銷局、地方菸草局，自己鋪設專賣店，自己賣貨。

四、結果

自己買貨、賣貨的結果，讓褚時健在十八年內，為中國創造了九百九十一億的稅收，成為中國的「菸草大王」，全國最紅的國營企業紅人。當時，連國家領導來視察菸廠時，都忍不住對褚時健說：「老褚，你開的根本不是菸廠，而是印鈔廠啊。」

五、意外

一封突如其來的匿名檢舉信，把褚時健從天堂打入地獄。

褚時健被控貪汙。這是一個不容抹煞的事實，但它是有時代背景的。一個為國家印鈔票的董事長，月薪多少？答案是人民幣三千元。所以當褚時健努力了將近二十年，要把自己的權力交出去時，忍不住起了私心，私吞三百萬美元。就這樣，褚時健被處以無期徒刑、終身剝奪政治權利。

這時的褚時健年紀已經七十好幾，而且還被判了無期徒刑，怎麼看，故事都應該要來到結局了。不，意外之後，就是轉彎。

轉彎的地方最好看了。因為那是電影的最後十五分鐘，連續劇的最後一集。觀眾最想看的就是轉彎。

六、轉彎

三年後，被關在牢裡的褚時健因為身體不好，辦理保外就醫。當時的他已經七十五歲了，對很多人而言，人生已經即將落幕，但農村出身、軍人性格的褚時健還在想：可以怎麼樣重新開始？

最後，他決定回雲南老家，承包兩千四百畝的荒山，開始種橙子。

七、結局

十年後的他，現在叫「橙子大王」，他種的橙子叫「褚橙」，每年創造數千萬的營收。人們搶著吃他種的橙子，倒不是因為多好吃、多美味，而是它多麼的傳奇、多麼的勵志啊。

現在很多學生參加大考時，都要來一顆「褚橙」，因為那代表著不管處在多麼惡劣的環境下，我們每一個人都有「翻身」的機會。

吃著褚橙，心裡頭想起褚時健，味道就不一樣了。吃著、吃著就忍不住流下淚來；眼淚流著、流著，就生出勇氣來，流著淚勇敢的面對人生的困境。

橙子這種水果有這種神奇的功效嗎？當然沒有，這種神奇的功效來自於故事。這就是故事的魅力。

靶心人公式，用七個步驟，三分鐘說一個傳奇的故事。

現在，你是不是覺得自己好像……會說故事了？

好像？那就是還不會。不急，吃完橙子，大概有六成功力了；現在改換吃蘋果，讓我們把功力提升到八成。

賈伯斯的英雄旅程

近幾年，蘋果公司的電子產品橫掃3C市場，原因跟他的創辦人賈伯斯（Steve Jobs）大有關係。賈伯斯的人生和褚時健一樣充滿傳奇色彩，但賈伯斯有個強項是褚時健望塵莫及的，那就是……賈伯斯本身就很擅長說故事。

舉個例子：當年，蘋果還是一顆小櫻桃的時候，需要一位新的執行長。賈伯斯把目標鎖定當時任職百事可樂的約翰・史考力（John Sculley）。

他對約翰說：「你是想賣一輩子糖水，還是跟我們去『改變整個世界』？」就這麼短短兩句話，約翰．史考力被賈伯斯說服了，他答應去蘋果公司出任執行長。

「你是想賣一輩子糖水，還是『改變整個世界』？」這兩句話就是賈伯斯最擅長的說故事模式，後人稱它為「現實扭曲力場」。

關於「現實扭曲力場」，我們下一堂課再來好好聊一聊，現在先來看看賈伯斯的靶心人公式。

一、目標

賈伯斯的人生目標是什麼？答案正是他對百事可樂的約翰．史考力說的「改變整個世界」。這個目標也太大了吧？正因為大，賈伯斯才足以成為傳奇。

二、阻礙

賈伯斯的母親未婚生子，因此小賈伯斯一出生就過繼給養父養母。

賈伯斯的養父母是賣二手汽車的商人，他們一輩子沒上過大學，不像微軟公司的比爾．蓋茲（Bill Gates）有個富爸爸、富媽媽。

學生時代的賈伯斯頭腦很好，但不擅長學習。他大學才讀了六個月，就因為家裡窮而休學，一年半後正式退學。

三、努力

賈伯斯本身並不會開發電腦，但那一點都不重要，重要的是他成功說服了他的朋友史蒂芬．沃茲尼克（Stephen Gary Wozniak），把他設計的電腦拿出來賣。當年，電腦還不是商品。當賈伯斯的同儕還在大學裡讀死書，二十一歲的他已經在自家車庫，和史蒂芬．沃茲尼克成立了蘋果公司。他們一起創造了世界上最早商業化的個人電腦，它的名字叫第一代蘋果電腦（Apple Ⅰ）。

四、結果

蘋果電腦從第一代、第二代到第三代，基本上都不太成功，直到他們推出第一台麥金塔電腦，並從百事可樂挖角了約翰・史考力來擔任執行長，還模仿作家喬治・歐威爾（George Orwell）的著作《一九八四》做了一支電視廣告，名字就叫「一九八四」（這一年正好是西元一九八四年）。三箭齊發的結果，引起了很大的迴響。

這時的賈伯斯終於來到人生的顛峰，不只在公司的影響力大增，還擔任蘋果公司的董事長。

然而好景不長，同一年年底，麥金塔電腦銷量下滑，再加上最初一起創業的夥伴沃茲尼克離開蘋果，賈伯斯因而被公司員工及董事會認定為是蘋果發展的障礙。就這樣，賈伯斯被逐出了自己一手創辦的蘋果公司。

五、意外

賈伯斯離開蘋果十年後，蘋果的經營陷入了困境，市場佔有率從巔峰時期的百分之十六，跌到慘不忍睹的百分之四。一年虧損十億美元，九十天之內就會破產。

而另起爐灶的賈伯斯，不僅自己成立了電腦軟體公司，還從《星際大戰》導演喬治．盧卡斯（George Walton Lucas Jr.）手上收購了動畫工作室，也就是後來製作《玩具總動員》、《海底總動員》的「皮克斯」動畫工作室。

中國有句老話叫「十年風水輪流轉」，套在蘋果和賈伯斯身上特別適用。正是這個奇妙的轉機逼得蘋果高層必須拉下臉，把賈伯斯請回去救火。

六、轉彎

就這樣，擔任臨時執行長的賈伯斯，一邊整頓公司內務，一邊試圖重建一個全新的蘋果公司。

一九九七年，蘋果推出 iMac，並且搭配了一支叫「不同凡想」（Think different）的廣告，創新的設計加上不凡的理念讓產品大賣，使蘋果電腦度過財政危機。隨後，蘋果趁勝追擊，推出大受歡迎的 Mac OS X 操作系統。賈伯斯全面翻紅，從臨時執行長，變成正式的執行長。

七、結局

關於結局，我想大家都很清楚了，人們永遠記得擔任執行長時的賈伯斯，在蘋果的產品發表會上侃侃而談、意氣風發的樣子。他帶給人們一次又一次的驚奇，從 iPod，再到 iPhone，最後是 iPad，一個又一個劃時代的電子商品。

賈伯斯真的完成了他最初的目標——改變整個世界。

聽完賈伯斯的故事，你有沒有覺得好耳熟？因為這根本就是好萊塢英雄片裡才會出現的情節嘛！從小被養父母收養的賈伯斯，長大後被自己一手創立的公司趕出去，最後再回來拯救自己的公司。

賈伯斯的故事實在太戲劇化，又太勵志了，聽完他的故事，我想有很多人可能會直接手牽手，一起變果粉。

表面上，蘋果賣的是電子產品，但骨子裡，賣的其實是「賈伯斯」這個人。就像褚橙賣的其實是「褚時健」這個人一樣。

接地氣的國際大導

聽完橙子和蘋果的故事之後，相信你對「靶心人」有七八成的概念了，現在我們要講第三個故事。這個人的故事必須超越橙子和蘋果，而且既接地氣，又國際化，最好還是個台灣人。有這樣的例子嗎？

有，台灣大導演李安的故事。他是個百年難得一見的魯蛇，而且每隔幾年就倒楣鬼上身。我們以靶心人公式來套用看看。

一、目標

李安，台南一中校長的兒子，卻在學業上屢屢受挫，大學聯考落榜兩次（第一次差六分，第二次差一分），最後以第一百零八個志願考上藝專（現今的台藝大）影劇科。

差一分上榜，以及第一百零八個志願，「一」和「一百零八」這兩個數字，幾乎是戲劇裡倒楣鬼上身才會出現的神奇數字。

既然是第一百零八個志願，代表這顯然不是李安的目標，但卻因禍得福。藝專時期，就讀影劇科讓內向的他有了大量的表演機會，演出超過十五齣劇，甚至拿下大專話劇比賽的最佳男主角。

演而優則導，期間李安也自編自導了多齣獨幕劇，這開啟了李安的電影夢——他想當導演。

二、阻礙

李安成長於傳統家庭，父親曾任台南一中、二中校長，擁有至高無上的威嚴，再加上李安並不是叛逆的小孩，所以父親的意見，對李安而言，幾乎等同於聖旨。

一九七八年，藝專畢業後，李安準備報考美國伊利諾大學戲劇電影系時，李安父親對兒子的電影夢不以為然，他很認真的列了一份清單給兒子，內容是美國百老匯每年只需要兩百個角色，卻有超過五萬人想爭取，錄取率不到百分之零點四，意思是連台灣的大學都考不上了，還幻想到美國搞戲劇，這不是痴人做夢，什麼才是？

李安努力追求，父親全力阻攔，父子關係惡化，此後長達二十年的時間，父子講不超過一百句話。

如果李安夠叛逆，從頭到尾不甩父親的阻攔，阻礙也就不大，但問題是李安非常、非常、非常敬愛父親，從他的前三部電影作品，最重要的角色都是父親，甚至被合稱為「父親三部曲」，就知道不被父親祝福的夢想之路，有多麼難走。

三、努力

不顧父親的強力反對，李安前往美國伊利諾大學戲劇系導演組就讀。兩年後，李安進入美國紐約大學電影製作系研究所，展開「學習拍電影」的旅程。

李安曾說拍電影是「走過地獄」的旅程，對年輕追夢的李安而言，電影這個地獄還不是普通的地獄。內向、語言不通、異地、不同種族……每一個不利的條件，都讓李安往下一層、再下一層的地獄而去。但他一一挺過來了。

一九八〇年，完成首部十六釐米短片《追打》。

一九八一年，完成十六釐米音樂片《我愛中國菜》、十六釐米配音片《揍藝術家》。

一九八二年，完成十六釐米同步錄音片《蔭涼湖畔》（這時埋下了第一個伏筆）。

一九八四年，完成畢業作《分界線》（埋下了第二個伏筆）。

四、結果

一九八五年，李安的研究所畢業作《分界線》獲紐約大學學生影展最佳影片與最佳導演兩項大獎，因而被美國三大經紀公司之一簽了下來。哇哇哇，這是一個前程無比光明的預兆啊，原本準備回國發展的李安，改變主意，決心留在美國一展長才。

電影路上，李安拿到的第一張牌是A，這幾乎是最好的開始了，但隨後卻接連拿到3、4、5、6，許久不見的倒楣鬼又回來了。從這一天開始，李安迎來了生命中最殘酷、長達六年的冰河期。

沒有電影可拍的李安，只能整天待在家裡看電影、寫劇本，以及做飯、帶孩子，生活的重擔全落在當時擔任藥物研究員的太太身上。

對李安而言，身處冰河期的他能做的跟電影最相關的事就是寫劇本，但這個時期最慘的經歷，也是劇本帶來的。他曾經帶著一個劇本，在短短的兩個星期之內，跑了三十多家公司，結果全部遭到拒絕。

五、意外

一九九〇年，李安的劇本《推手》、《喜宴》，同時獲得台灣新聞局優良劇本獎首獎和二獎。一舉囊括劇本首獎和二獎的李安引起了注意。

一個不夠，那就兩個。長達六年的冰山開始融化了。

劇本雙雙得獎之後，大家開始翻查舊檔案資料，李安是誰？

資料一顯示：一九八三年，李安曾以《蔭涼湖畔》獲得新聞局金穗獎最佳劇情短片，這是他在紐約大學電影製作研究所時期的作品。

資料二顯示：一九八五年，李安的研究所畢業作《分界線》獲紐約大學學生影展最佳影片與最佳導演兩項大獎。

擁有編劇、導演雙重才華的李安，獲得中影的青睞，贏得拍攝首獎劇本《推手》的機會。

從第一百零八個志願開始，李安花二十年的時間，終於引爆這個意外。

原來第一百零八個志願才是第一張牌，雖然是最小的2，但後續卻接連拿到了3、4、5、A。

意外之後，A、2、3、4、5，同花順的旅程開始了。

六、轉彎

一九九一年，李安處女座《推手》推出，一炮而紅，獲得金馬獎最佳電影等八項提名，隔年更進一步榮獲亞太影展最佳影片獎。

一九九三年，第二部電影《喜宴》（二獎劇本）推出，不只超越前作，簡直就是大爆炸，叫好叫座之外，更重要的是獲世界四大影展之一的柏林影展最佳影片金熊獎，李安從此晉升國際大導演之列。

七、結局

如今的李安是柏林影展唯一獲得兩次最佳影片的導演（《喜宴》、《理性與感性》）。

唯一之外，還有唯一。他更是華人史上唯一同時拿下奧斯卡、英國電影學院、金球獎等世界三大電影獎的「最佳導演」獎。

不只如此。

其中，二〇〇六年《斷背山》及二〇一三年《少年Pi的奇幻漂流》，在全世界叫好又叫座，分別榮獲第七十八屆及八十五屆奧斯卡金像獎最佳導演獎。

其中之外，還有其中。《斷背山》不管在票房和獎項都獲得巨大的成功，號稱是「好萊塢最成功的同性愛情電影」。它的成功引發了全球各地的同志電影潮。十年後，美國通過「同性婚姻法」。十三年後，台灣也成為亞洲第一個同性婚姻合法化國家。

《斷背山》與「同性婚姻」，當然大有關係，一部好電影的影響力，遠遠超越某些……嗯，保守的「上帝」。

聽完橙子、蘋果以及李安的故事之後，現在的你會說故事了嗎？

如果會了，那麼請繼續下一堂課，它將讓你「更會」說故事。

如果，還是說不出故事呢？

我一開始就說過了，現在你有兩個選擇。

一、從此不再上故事課，因為你被騙了。

二、繼續下一堂課，因為你已經抓到感覺了，只是需要一點時間，好好練習一下。

如果，你需要我給你一點建議。我衷心認為，有「意外」的故事比較好，不過意外通常發生在第五個步驟，而現在只是第一堂課。

因為你是天才，所以值得再等待一下，等待屬於你的意外降臨。

重點筆記

- 靶心人公式：
目標↓阻礙↓努力↓結果↓意外↓轉彎↓結局

- 不論是小說、電影、還是漫畫，只要它的核心是故事，大部分都有類似的戲劇結構。

第 3 課

一分鐘說一個精彩的故事

靶心人公式可拆分成努力人和意外人公式。

努力人和意外人即使有相同目標，

最後也會因為水平思考和垂直思考而走向不同結局。

人生不也是如此，

而你是努力人，還是意外人？

上一課「三分鐘說一個完整的故事」，著重在「完整」的七個步驟，讓故事有頭、有尾、有衝突、有轉折。

現在我們來進階成「一分鐘說一個精彩的故事」，是從三分鐘故事剪裁而來，但是把重要的精彩部分放大處理。有點像拍電影時，截取演員的某個身體部位，然後局部放大、特寫。

事實上，就是將靶心人公式一分為二，進一步拆解成兩種公式。

努力人或意外人？

第一個公式，我稱它為「努力人公式」，其實就是靶心人公式的前面四個步驟：

目標↓阻礙↓努力↓結果

第二個公式，我稱它為「意外人公式」，其實就是「目標」加上靶心人公式的後面三個步驟：

目標→意外→轉彎→結局

「努力人」和「意外人」兩者之間的差別在哪裡？我們來舉個具體的例子。以挖井為例，努力人和意外人的目標都是「挖到水源」。雖然他們的目標一模一樣，但最後一定會走向不同的結局。

為什麼？因為他們有兩種截然不同的思維方式，一種叫**垂直思考**，一種叫**水平思考**。垂直思考的人，往下挖了五十公尺還不見水源，他會繼續挖下去，六十、七十、一百、兩百公尺，直到挖到水源為止。

相反的，水平思考的人，挖了五十公尺沒挖到水源，他會換個地方重新挖。再挖了三十公尺之後，遇到不好挖的硬石層，他也會毫不猶豫再換個地方。換個地方，再換個地方，又換個地方，這就是水平思考的人。

努力人，比較像垂直思考的人，目標一旦設定了，就是一直努力、努力、努力的挖下去，不會偏離目標。至於意外人，比較像水平思考，一旦遇到阻礙，就換，再換，又換，這樣的人最後常常偏離了最初的目標。

我們來細部分解這兩個公式給大家看。剛才我們以挖井為例，現在我們以登山為例，而且是「登上世界第一高峰」。

努力人公式

這個公式強調的是「一次又一次跌倒，再一次又一次爬起來」，歷經了千辛萬苦，流汗，還不夠，最好還流血；流血，還不夠，一定要流淚。有汗、有血、有淚之後，才能讓主角登上世界第一高峰。

你可能會問，流汗容易，但流淚、流血有這麼簡單嗎？當然有，只要你去調整「阻礙」的難度就行了。小兒麻痺的主角想要登世界第一高峰，夠難了吧。如果你願意，還可以再難一點，瞎眼的主角想要登上世界第一高峰。還想再難一點，沒問題，罹患癌症只剩三個月可活的主角想要登上世界第一高峰。

現在懂了吧，「阻礙」是個難易度的開關調整器。只要你動一動手，不，動一動腦，就可以調整目標的難易度。對「努力人」這個公式而言，雖然努力是重點，但阻礙絕對是超重要的輔助。

現在，讓我們完整跑一遍努力人公式的流程。

一、**目標：**主角的目標是登上世界第一高峰，這是他年輕時的夢想。

二、**阻礙：**年輕時，拚事業的主角沒空去圓夢，現在他被診斷出罹患癌症，而且只剩三個月的壽命，諷刺的是現在他終於有時間去圓夢了。

三、**努力：**登山的過程中，完全沒登山經驗，再加上體力虛弱，主角一次又一次的失敗。先是高山嚮導因為天候不佳，不願上山，但主角不願放棄；再來是病症發作，救護車來了，呼吸器都掛上了，但主角還是不願放棄……

四、**結果：**被折磨到只剩最後一口氣的主角，終於爬上世界第一高峰。看著腳下的美麗風景，想起年輕時的夢想，主角流下最後一滴眼淚後，永遠閉上眼睛。

努力人的故事，著重在人物的努力、再努力、終極的努力。聽完故事之後，聽眾會被主角永遠不放棄的努力感動。

努力人的目標是「真的」，無論如何都要「登上世界第一高峰」，那是他們人生最值得活的一件事，而且是唯一的一件事。

意外人公式

至於意外人公式，強調的是「超乎想像」，例如主人翁在即將攻頂的前一刻，一不小心掉進山谷，隨後故事大轉彎。主角發生了一件比「登上世界第一高峰」重要的事，因而展開了一段不可思議的人生旅程。

雖然意外人公式的重點就是意外，但「轉彎」其實才是它真正的目標。意思就是故事轉彎到哪裡去，非常、非常、非常重要。

舉個例子，意外發現了桃花源，比登山好上十倍吧。

再舉個例，意外撞見了初戀情人，比登山好上百倍吧。

舉第三個例，意外找到了人生活著最重要的價值，比登山好上千萬倍。

現在，我們來完整跑一遍「意外人」公式的流程。

一、**目標**：主角的目標是登上世界第一高峰，因為他要在山頂上插旗向政治聯姻的富家千金求婚。

二、**意外**：主角只差一步就登上最高峰，卻因為政治和金錢問題擺不平，在講手機時和富家千金爭吵，一不小心發生意外，從山頂上跌落下來。

三、**轉彎**：主角掉進河裡，即將溺斃的他遇見了一個跳河尋死的女孩。一男一女，一個想死，一個不想死，兩個人在水底下相遇了。想死的女孩，最後救了不想死的男主角。（正因此，男主角也意外救了想死的女主角。）

四、**結局**：男主角利用他的政治與財經雙專業，幫女主角擺平了家裡的經濟困境，以及地方的惡勢力（女孩之所以想死，是因為被強迫嫁給土豪）。最後，男女主角墜入愛河。

注意到了嗎？意外人的目標「登上世界第一高峰」是「假」的，他最後一定會走向另外一個目標。

靶心人公式拆成的努力人和意外人公式，即使有相同的目標，最後也會因為水平思考和垂直思考而走向完全不同的結局。

人生不也是如此，你是努力人，還是意外人？

努力人：愛迪生與電燈

剛才我們講了挖井和登山的故事，並且用它們來說明努力人與意外人公式。不過它們都是「虛構」的故事，現在我們來講一講「真實」的故事。

首先是努力人公式。我們以發明大王愛迪生為例：他為了改良燈泡，試過無數種方法，最後終於成功了。

究竟要失敗幾遍，才算得上是努力？如果這是一個虛構的故事，「三次」差不多就夠了。但你知道愛迪生改良燈泡時，失敗了幾次嗎？答案是一千六百多次。

你沒聽錯，就是一千六百多次，足足是三次的五百多倍。

現在，我們就透過努力人公式來看愛迪生改良燈泡的故事。

一、目標

十九世紀初，已經有化學家發明了電燈，但既貴又不方便，完全沒有實用價值。所以大家基本上都還是使用煤油燈或煤氣燈。

這種照明工具不只添加煤油或煤氣很麻煩，三不五時還會引起火災，造成民眾很大的困擾。於是愛迪生決心改良燈泡，目標是製造出便宜、耐用、又安全的電燈。

二、阻礙

燈泡的原理是利用通電來發熱。當溫度升到高點時，白熱化的熱能，就會轉換成光源。然而問題就出在，要發光就得高熱，但燈泡裡的燈絲，承受不住高熱，所以通電沒多久，燈絲就會斷裂。

三、努力

如何讓燈絲不斷裂，是愛迪生努力的重點。經過多次實驗之後，愛迪生發現燈泡裡的空氣會助燃，於是他抽光空氣，這個舉動讓燈絲足足持續了八分鐘才斷裂，這是初步的成功。

下一階段是找到更耐熱的材料來當燈絲。愛迪生最早使用的耐熱材料是炭，但失敗了。隨後，他把所有想得到的耐熱材料全部寫下來，總共有一千六百種之多。

太多了吧？有沒有聰明一點的測試方法？沒有，愛迪生一一測試。當有人問他，為什麼失敗了這麼多次還不放棄，這樣會不會太浪費時間了？他是這麼回答的：「不，一點都沒有浪費，因為我已經知道哪些材料不適合了。」

當所有耐熱材料都試過一輪之後，愛迪生發現白金最合適，因為它可以讓燈泡發光兩小時。但白金實在太貴了，一般人根本負擔不起，而且兩小時也還不夠長。在失敗了一千六百多次之後，連最樂觀的愛迪生也陷入了困境。

一個寒冷的冬天，愛迪生在爐旁烤火。他眼裡看到的是熾烈的炭火，但心中掛念的卻是不持久的燈泡。看著火爐裡的炭火，他心想，炭是不錯的材料，可惜他最早的時候就已經測試過了，結局是失敗。

寒冷的冬天，愛迪生卻感到無比燥熱，因為「炭是對的，但又是錯的」，對錯、對錯、對錯，到底問題出在哪裡？

越來越煩躁的愛迪生，最後順手扯下脖子上的圍巾。他看著手上用棉紗做成的圍巾，突然大叫一聲：「啊——」

他有了一個靈感！他把棉紗用爐火烤成焦炭，然後小心翼翼的放進了燈泡。通電之後，燈泡居然持續亮了十三小時。經過微調改良之後，更進一步延長到四十五個小時。哇哇哇，這可是大躍進啊。

軟弱的棉紗烤過之後，居然比白金更耐熱。「四十五小時」一傳開，轟動了全世界，煤氣股票頓時瘋狂下跌，因為這預告著煤氣燈將走入歷史，便宜又安全的光明時代即將來臨。

大家紛紛向愛迪生祝賀，但他卻搖搖頭說：「不行，還不夠，得再找其他材料！」

雖然大方向已經明朗了，關鍵材料就是「植物的纖維」。事情看起來簡單一點了，但你知道愛迪生後來又測試了多少種植物纖維嗎？

答案是六百多種，他連馬的鬃毛、人的頭髮和鬍子都拿來測試。

最後，愛迪生終於找到竹子。炭化的竹子可以讓燈泡連續不斷的發亮一千兩百個小時！如果一天二十四小時不斷電的話，燈泡可以持續亮五十天。

五十天，夠了吧？對某些發明家而言，五十天確實非常足夠，但對「努力的天才」愛迪生而言，他心目中的數字是一萬六千小時，換算之後是六百六十六天，也就是將近兩年，幾乎就是現代燈泡的壽命。

你有沒有覺得「一萬六千」這個數字很耳熟？前面我們提過，愛迪生實驗了一千六百多種耐熱材料，才終於找到燈泡的真命天才。而「一萬六千」正好是「一千六百」的十倍，愛迪生似乎是想為他過去一千六百次的失敗報仇。

不管這個揣想是不是真的，你也可以從中看出愛迪生驚人的執著，與可怕的努力。

四、結果

竹絲燈泡不只物美價廉，而且非常持久耐用，所以它被量產出來，持續用了好多年。但是愛迪生始終沒忘記那個讓他痛苦不已的數字「一千六百」，所以他持續改良。一九〇六年，愛迪生改用鎢絲取代竹絲，燈泡的壽命再次大大提高。

一百多年來，帶給我們便利與光明的，就是愛迪生改良出來的鎢絲燈泡。

這裡問一個問題，愛迪生發明出來的鎢絲燈泡究竟可以用多久？

有一種說法是一百多年，也就是你買了一次鎢絲燈泡之後，一輩子都不用再買了。燈泡居然可以活得比人還久，但如此一來，就表示燈泡不會壞，那廠商就賺不到錢了。因此，廠商內部偷偷規定，不可以讓燈泡的壽命活超過一千小時。

嘩，有沒有覺得很荒謬，一百多年前愛迪生的雄心壯志是希望燈泡可以活到一萬六千小時，然而現在的燈泡為了商業考量，居然只能用一千小時。

呼，努力的人終究還是被商人打敗了。雖然有那麼一點悲傷，但我想……

大家都已經習慣了。

怎麼感覺起來，這更悲傷。

意外人：威而鋼的身世

不要停留在悲傷上面太久，讓我們繼續往前走。

前面講了「努力人」愛迪生的故事，現在換講「意外人」威而鋼的故事。威而鋼是一種男性壯陽藥，名稱是取其威猛如鋼鐵的意思。

前面提過，「意外人」公式的重點就是意外，但「轉彎」其實才是它真正的目標。我們來看看「威而鋼」究竟哪裡意外，又轉了什麼彎？

威而鋼的出現，最初是為了治療心絞痛，卻一點效果也沒有，反倒是它的副作用太吸睛了，它居然使得病患的生殖器迅速勃起。心臟和生殖器這兩者之間距離也太遠了吧！所以這才意外啊！

現在，我們就透過「意外人」公式，來講一講威而鋼的離奇身世。

一、目標

美國輝瑞製藥公司的科學家們為了治療心絞痛，絞盡腦汁，終於發明了一種心臟病的新藥。

二、意外

新藥上市之前，當然要先測試一下效果如何。

當這種心臟病新藥在英國斯旺西市的一家醫院中首次進行臨床試驗時，非常不幸的是，對於遭受心絞痛折磨的試用患者來說，這種新藥一點效果也沒有。然而讓醫生困惑的是，雖然這個藥對患者的心臟起不了任何作用，但參與臨床試驗的男病患，卻露出一種詭異的表情，他們不只拒絕放棄這種藥，甚至還向醫生索取更多。

原來，男患者們發現這個藥有一種奇妙的「副作用」：它會使男性的生殖器官迅速勃起。

三、轉彎

既然不小心來到桃花源，那就到桃花源好好遊歷一番吧。

就這樣，科學家決定轉個彎，開始研究這種藥和下半身之間的美妙關係。

四、結局

於是，威而鋼這個最初的心絞藥，搖身一變成了壯陽藥，並於九〇年代末正式投入市場，開始量產。

威而鋼帶給輝瑞製藥公司無比驚人的財富。

發現了嗎？意外人的結局跟最初的目標，完全無關。目標只是一個幌子，當意外發生之後就會開始轉彎，最後通往跟目標完全無關的結局。

在聽完愛迪生發明電燈，以及威而鋼的離奇身世之後，現在的你，會說故事了嗎？

努力人的故事，因為一次又一次的跌倒，再站起來，而令人感動。

至於**意外人的故事，則因為無法預料的意外，而帶給人們驚喜。**

一分鐘就能讓人感動，一分鐘就能令人驚喜，還有什麼比這更棒的事嗎？有，十秒鐘就立刻說出一個動人的故事。

十秒鐘，你沒有看錯。

從三分鐘說一個「完整」的故事，到一分鐘說一個「精彩」的故事，下次我們要用十秒鐘說一個「動人」的故事。

因為你是天才，所以值得一次又一次的期待，期待那個終將屬於你的美好時刻。

重點筆記

- 努力人公式：
  目標↓阻礙↓努力↓結果
- 意外人公式：
  目標↓意外↓轉彎↓結局
- 「努力人」和「意外人」的差別在於思維方式。「努力人」偏向垂直思考；「意外人」傾向水平思考。
- 努力人的故事，因為一次又一次的跌倒再站起來，而令人感動。意外人的故事則因為無法預料的意外，帶給人們驚喜。

第 4 課

十秒鐘說一個感人的故事

全世界最有影響力的人
是「說故事的人」。
說故事的人塑造了整個世代看事物的角度和價值，
以及決定什麼是值得重視的議題。

前面的「三分鐘說一個故事」，追求的是找到故事的轉折點（也就是「意外」和「轉彎」），讓聽的人覺得高潮起伏。例如賈伯斯是如何「被自己一手創立的公司趕出去，最後再回來拯救自己的公司」。

雖然一家成功的公司，「努力做出好產品」永遠是首要關鍵，但是這還不夠，它必須搭配至少一個以上的好故事，才能讓你的產品跟著故事傳播出去，讓消費者一聽到故事就蠢蠢欲動。

其中，利用創辦人的人生故事來行銷產品，永遠最直接也最有效。為什麼？大部分的消費者一開始並無法分辨產品的優劣好壞，但他們聽得懂故事。因此產品的故事，尤其是創辦人的故事，它所傳遞出來的價值，會連結到產品，變成美麗的糖衣，或醜陋的毒衣。

然而創辦人的傳奇人生故事終究是被動式的，可遇不可求，所以我們必須擁有一套主動式的說故事方法。

這一堂課，我們進一步分析蘋果的賈伯斯，看他是如何主動出擊，說出一個又一個充滿說服力的故事。

但在那之前，我們先來看一看賈伯斯是如何看待故事的？

全世界最有影響力的人

一九八四年，賈伯斯被趕出蘋果，重新創業。照理說，他的本業是電腦軟硬體，但因緣際會之下，他買了一間「故事」工作室，並且開始學著說故事，這成了他人生中重要的轉折點。這間「故事」工作室，就是後來名聞天下的「皮克斯」動畫工作室。

當年，剛買下皮克斯動畫工作室的賈伯斯，問了同事們一個問題：「誰是世界上最有影響力的人？」

當場有人回答：「南非民運領袖曼德拉。」

這個回答在當年幾乎算得上是標準答案，因為對抗南非政府的「種族隔離政策」，曼德拉被判終身監禁。

一九九〇年，被關了二十七年的曼德拉終於遭到釋放，並於三年後得到諾貝爾和平獎，隔年又當選了南非首位黑人總統。

對此，賈伯斯卻搖搖頭說：「錯！大錯特錯，全世界最有影響力的人是『說故事的人』。說故事的人塑造了整個世代看事物的角度和價值，以及決定什麼是值得重視的議題。」

「最有影響力的人」，賈伯斯指的不是此刻當下的一個人，而是能夠跨越時間和空間的一種觀念。

當時的賈伯斯是皮克斯動畫工作室的老大，上面他說的那一段話，其實是為了鋪陳這一段話：「迪士尼獨霸了整個故事市場，我再也受不了了。我要成為下一個說故事的人。」

「成為下一個說故事的人！」賈伯斯說到做到，隔年皮克斯推出第一部動畫電影《玩具總動員》，如今已成經典，而且接連拍了三集。加上隨後風靡無數大人小孩的《海底總動員》、《怪獸電力公司》、《天外奇蹟》……幾乎每個孩子成長過程中，都看過皮克斯的動畫。

動畫裡的故事，深深影響了一整個世代的孩子，一如賈伯斯所言：**說故事的人塑造了整個世代看事物的角度和價值觀**。

「偉大」是變動的，就像美麗一樣，隨著價值觀而改變。與其盲目追求別人眼中的偉大，不如創造自己的偉大，然後反過來影響其他人。

賈伯斯用他的一生，一而再、再而三的向我們證實，全世界最有影響力的人確實就是「說故事的人」。我們永遠記得賈伯斯在蘋果的產品發表會上侃侃而談的樣子，他不是在向我們推銷 3C 產品，而是**用故事來行銷一種價值**。

賈伯斯不賣蘋果，他賣的是「賈伯斯」，他所賦予自己的價值。

現實扭曲力場

全世界最有影響力的人，真的是「說故事的人」嗎？

不管你同不同意，賈伯斯就是這樣認定，並且開始用故事，一步一步來發揮他的影響力。

賈伯斯非常擅於利用「現實扭曲力場」來說故事。什麼是「現實扭曲力場」？這個詞並不是賈伯斯發明的，它是從電視影集《星際迷航記》裡來的，最初指的是外星人憑藉著精神念力，就能憑空創造出新的世界。

如果你無法想像外星人憑空創造世界，那麼你可以把它替換成：魔術師用念力，把湯匙折彎。

「現實扭曲力場」這個詞後來廣為人們所熟知，是蘋果的賈伯斯將它發揚光大。賈伯斯最為人所熟知的是蘋果的產品發表會，他一次又一次利用故事思維，創造情境，進而產生「現實扭曲力場」，讓消費者聽得如痴如醉，最後掏錢買單。

我們來回憶一下上一堂課提過的，發生在賈伯斯身上的一個例子。

想賣一輩子糖水，還是改變世界？

當年，蘋果公司需要一個新的執行長。賈伯斯把目標鎖定當時任職百事可樂公司的約翰．史考力。當年的蘋果還不是後來的蘋果，它不過就是一顆小櫻桃，而百事可樂呢，當年的它已經是一片大到看不見盡頭的海洋了。櫻桃和海洋，你會選哪一個？

誰大誰小一眼就能看穿，但奇妙的是賈伯斯永遠看不見自己的小，他看見的是自己的「大」。他對百事可樂的約翰．史考力說：「你是想賣一輩子糖水，還是**改變整個世界？**」

喔喔，如果你是約翰．史考力，這時的你，會怎麼想？

你本來還以為賈伯斯會跟你談錢，但沒想到他跟你談的居然是「改變世界」。就像琴弦一樣，約翰．史考力的心被賈伯斯的話撩撥了，他吞口水，心臟怦怦跳，腦袋轟轟響。賈伯斯這短短兩句話，就是一篇震撼力十足、關於「要金錢還是夢想」的超級極短篇。

這超級極短篇放射出無比巨大的力場，完完全全把約翰．史考力震懾住了，最後他被賈伯斯說服，答應去蘋果公司出任執行長。

「你是想賣一輩子糖水，還是改變整個世界？」

百事可樂等於糖水？蘋果公司等於改變世界？

好像有那麼一點道理，但從現實的角度來看，這兩件事都不是事實。而這兩句話正是賈伯斯最擅長的說故事模式——現實扭曲力場。

賈伯斯的話，巧妙避開了「百事可樂大，蘋果公司小」的無情現實。他轉了一個彎，傳達了另一個訊息，就是：「如果你只想賺錢，那就留在百事可樂；但如果你想贏得更好的人生，就跟我們一起努力吧。」

開機速度和人命的關係

再舉一個例子。一九八三年，蘋果公司推出麥金塔電腦的前夕，所有員工都拚了命加班趕工。賈伯斯在公司來來回回走動，不斷要求產品開發人員：「繼續改進，好還要更好。」

賈伯斯要求蘋果每樣產品都要達到不同凡響的地步。在他兩度擔任執行長期間，這種力求完美、毫不妥協的個性，變成了一股強大的力量，正是它讓蘋果變得偉大起來。

有一天，賈伯斯來到工程師肯尼恩的辦公室，指著還在測試中的麥金塔電腦說：「開機。」

電腦開機，除了必須啟動作業系統之外，還得測試記憶體，以及完成其他起始作業，因此花了好幾分鐘。

賈伯斯搖搖頭：「不行，速度還是太慢，必須再改進。」

肯尼恩和他的團隊經過幾個星期不眠不休的努力之後，賈伯斯的答案還是：「不行、不夠，還要再短。」

筋疲力盡的肯尼恩搖頭表示，大家都已經盡全力了，現在已經到了極限。

這時，賈伯斯知道肯尼恩已經聽不進道理了，於是他改換說故事。他說：「如果開機的速度再快十秒，就能拯救一個人的命，你做不做？」

「或許……會吧。」雖然肯尼恩這麼回答，但他完全不懂「開機速度和人命」有什麼關係。

隨後賈伯斯走到白板前，拿起筆，邊說邊算了起來：「我一直在想一件事，將來會有多少人使用麥金塔電腦？一百萬？不對，我打賭再過幾年，就會有五百萬人，每天至少打開一次他們的麥金塔電腦。假設你們可以再努力節省十秒的開機時間，十秒乘以五百萬個用戶，就等於每一天省下五千萬秒，一年換算下來，等於三億多分鐘。你知道這有多長嗎？那是十個人的一生啊！」

賈伯斯最後說：「為了這十條人命，大家再努力減個十秒吧！」

雖然肯尼恩在理智上覺得已經到達極限了，但受到賈伯斯「現實扭曲力場」的故事激勵，夥伴們全都拚上老命，最後成功的把開機時間縮短了。

縮短十秒的開機時間等於十條人命？從現實的角度來看，這兩件事其實並不相關。但，從賈伯斯嘴巴裡說出來，好像又確實有那麼一點道理。

賈伯斯最擅長的就是把冰冷的科學數據，轉換成有溫度的人性。就像皮克斯動畫《玩具總動員》一樣，當玩具只是玩具，老了、壞了，就丟了吧。但是當玩具變成人，變成你我童年最好的朋友，這時你還捨得丟嗎？

擬人化，把溫度從無生命的攝氏四度，提升到人體溫度的三十七度，形成「現實扭曲力場」，故事就出現了說服的力量。

喔，對了，剛才忘了告訴大家，經過賈伯斯「現實扭曲力場」的激勵之後，麥金塔電腦大大縮短了開機時間。你知道最後縮短了幾秒嗎？十秒？不對，是二十八秒，也就是二十八條人命。

因為我會指揮

個性永不妥協，擅於說服別人的賈伯斯，經常憑著自己獨斷的美學，以及驚人的意志力，不斷逼著同事更進一步、再進一步。雖然大部分的人最後都會買賈伯斯的單，但過程中他也曾遭遇到各式各樣挑戰，尤其是來自於自己公司內部。

和賈伯斯一起創業的夥伴史蒂芬．沃茲尼克就曾不服氣的頂撞他：「你不會寫程式，你也不會設計，你什麼都不會！」

沃茲尼克說的是事實。憑什麼什麼都不會的賈伯斯，卻可以分得跟設計師一樣多的利潤？

你知道賈伯斯怎麼回答嗎？他不是唯唯諾諾的低聲下氣，而是抬頭挺胸，一臉驕傲地說：「因為我會指揮，設計師做的是演奏樂曲，而我負責指揮。」

賈伯斯一句話就把自己拉到樂團指揮的高度。

你想一想，一個樂團裡，演奏樂曲的人一共有幾十個人，然而指揮只有一個人。賈伯斯的意思很清楚了，你只是幾十個人裡面的一個，而我是唯一的那一個。呼，非常有說服力吧！我們再一次見識到賈伯斯驚人的「現實扭曲力場」。

最佳反擊獎

難道賈伯斯完全沒有對手嗎？當然有！

麥金塔團隊每年都會選出一個最勇於向賈伯斯說「不」的人，並且頒給他「最佳反擊獎」。這個聽起來半開玩笑、半認真的獎項，賈伯斯本人當然也知道，只是他完全不以為意。

第一年獲得這個獎項的人是個性也非常強悍的霍夫曼女士，她來自東歐。當她發現賈伯斯更改了她的行銷預測，並且和現實完全脫節時，她怒氣沖沖的闖進賈伯斯的辦公室，準備和他理論。

然而當霍夫曼女士上樓準備去找賈伯斯之前，她事先告訴賈伯斯的助理這麼一段話：「我手裡拿著一把刀，準備刺進他的心臟。」

結果呢？賈伯斯當然還活得好好的，只是他不只認真聽完霍夫曼女士的說法，並且少見的讓了步。

「我手裡拿著一把刀，準備刺進他的心臟。」當然不是一個事實，她只是告訴賈伯斯，對於眼前這一件事，我有多麼認真的看待它。

賈伯斯之所以讓步，當然不是因為霍夫曼手上真的拿了一把刀，而是賈伯斯聽得懂對方的話。當對手和你一樣認真，一樣堅持，那她就值得你的尊敬，值得認真聽一聽她的想法。

其實霍夫曼女士這段話也是一種「現實扭曲力場」，它不是事實，但卻散發了強力的力場，有效改變了對方的態度。這是她從賈伯斯那裡學來的，並且有效的運用在賈伯斯身上。

所以嚴格說起來，賈伯斯完全沒有對手，他的對手是他自己。

賈伯斯的說故事方式「現實扭曲力場」，具有非常強大的說服力量，現在你已經見識到了。

那你學起來了嗎？

重點筆記

- 全世界最有影響力的人，是說故事的人。說故事的人，塑造了整個世代看事物的角度和價值觀。
- 賈伯斯最擅長的說故事模式——現實扭曲力場，讓故事充滿了說服的力量。

第 5 課

一鳴驚人的自我介紹術

你這輩子至今「自我介紹」了幾次？

自我介紹就像是免費打廣告。

說一百次別人的故事，不如說一次自己的故事。

每個人都有故事，只要方法對了，你就是別人傳誦的好故事。

這個時代，我們必須隨身攜帶什麼？手機、鑰匙和皮包？最好再加上「自我介紹」。

「自我介紹」比手機、鑰匙和皮包還重要。忘了這三樣東西，你頂多覺得不太方便，但忘了「自我介紹」，你的損失難以計算。

試著在心中估算一下，你這輩子至今「自我介紹」了幾次？我想一兩百次可能都有了吧！你知道嗎？你已經不小心流失掉一兩百次把自己推銷出去的好機會了。

幸好，你現在遇到了我，並且來上了這堂「一鳴驚人的自我介紹術」。

自我介紹就像是免費打廣告。想像一下，如果你能在馬雲、賈伯斯面前自我介紹，這可不得了。搞不好，你這一生就因此而改變。所以我常常把自我介紹當成最重要的一件事，而且只要準備一次，可以用無限多次啊。

說一百次別人的故事，不如說一次自己的故事。每個人都有故事，只要方法對了，你就是別人傳誦的好故事。

姓名聯想法

最簡單的自我介紹方法，就是利用故事，把你的姓和名串聯起來，也就是所謂的「姓名聯想法」。

舉個例子。我有個學生叫湯炳舟，他說有一天，他不小心在公園的長椅上睡著了，醒來的時候，身邊突然多了一碗湯、一塊餅，還有一碗粥。原來是……路過的人把他當成流浪漢了。

所以他的名字就叫「湯、餅、粥」，一碗湯、一塊餅，還有一碗粥。

台下的人聽完之後都笑了。這種介紹法，有娛樂效果，但人們只短暫的記住你的名字，還是完全不認識你這個人啊，所以這樣的自我介紹意義不太大。

現在換一個方式，把「職業」也加進來。湯炳舟的職業是靠打賞過活的街頭藝人。

我們再重來一次：

我叫湯炳舟，是個街頭藝人，每天上街頭唱歌，靠打賞過活。但昨天唱完歌，打開打賞箱，哇，嚇壞我了，裡面一毛錢也沒有，倒留下了一碗湯、一塊餅，還有一碗餿掉的粥。

看到湯、餅和粥，我湯炳舟當場流下男兒淚來，希望各位觀眾，以後打賞就打賞，別再把我當流浪漢啦。

這個故事聽起來怎麼樣？我個人認為……原則上還可以，現在人們已經記住你的姓名和職業了，但我們必須更進一步，讓大家認識「你」這個人。

其實還有更好的方法，那就是應用我們前面三堂課介紹過三種方式：

一、三分鐘說一個完整的故事：靶心人公式。

二、一分鐘說一個精彩的故事：意外人和努力人公式。

三、十秒鐘說一個感人的故事：現實扭曲力場。

現在，我們就用湯炳舟這個人，把上面提到的三種方法，統統練習一遍。

十秒自我介紹

如果你只有十秒鐘介紹自己，那麼就用「現實扭曲力場」，試試十秒鐘說一個感人的故事。

例如在一群大人物裡面，你只是一個不起眼的角色，別人聽你自我介紹完全是不得已的，所以你必須短而有力，一針就刺進對方的心臟。

「各位認識周杰倫吧，我就是還沒紅之前的周杰倫。」

這時，大家的注意力會被你的一句話瞬間挑起來，趁這個時間點，打蛇隨棍上，補上最重要的一句話：「我想再過不久，就會有人模仿我自我介紹，他們會說：『各位認識湯炳舟吧，我就是還沒紅之前的湯炳舟。』」

借用「現實扭曲力場」，你不只瞬間讓自己有了一個非常具體的外在形象，更重要的是散發出一股強大的自信，你連內在都非常立體的勾勒出來了。

十秒鐘之後，再也沒有人敢忽視「湯炳舟」這個名字了。

從現實的角度來看，湯炳舟當然不是周杰倫，他只是借用周杰倫這個名字給人的強大自信印象，適度的挪用一點到自己身上。

就像拿手機「自拍」一樣，如果完全沒有加工，你就是一名百分之百的路人，一萬個人經過，也沒有人會發現你。但如果適度的加上一點點美術效果，看起來就完全不一樣了，你開始散發出明星的氣勢了。

一分鐘自我介紹

如果你有一分鐘的時間介紹自己，那麼就用「努力人或意外人公式」。

舉個例子。你去應徵某一個職務，公司主管必須聽你自我介紹，因此你可以多講一些。但請特別注意，他們還是有權利對你喊停，所以也不宜長篇大論。在這樣的狀況下，一分鐘的時間剛剛好。

「努力人」自我介紹

我們再來複習一下「努力人公式」：**目標→阻礙→努力→結果**。

現在，「努力人」湯炳舟的一分鐘自我介紹開始。

一、**目標**：一個人一輩子可能會有一萬個目標，但我的目標從頭到尾只有一個，那就是成為一名歌手。

二、**阻礙**：很多人以為我天生嗓子好，所以才想當歌手。相反的，我的資質並不好，十個想當歌手的人裡面，我大概是排名第九。

三、**努力**：所以呢，我決定每天苦練，先從街頭藝人當起。每天到街頭練唱，一天唱它個十小時，我相信每累積一千小時，我就能進步一名。現在的我，已經連續唱超過九千個小時了，正朝一萬小時邁進。

四、**結果**：如果各位算數還可以，就會知道我現在已經前進到第幾名了。但，我想一定有人跟我一樣，算術不好，那不如我就直接清唱個兩句，讓大家知道我現在的成果如何。

故事說到這裡，我想大家一定對你的歌喉很好奇，你到底是如何從一個資質平庸的人苦練成高手？如果你真的有料，那就趕快趁這個機會，大方秀出來吧！這會有很大的加分效果，因為它證明了你剛才說的那個故事是真的。

這非常、非常、非常的重要，因為對於勵志的故事，人們最在意的是……它是不是「真」的。

利用努力人公式來自我介紹，最重要的是讓人們看到你性格裡那股不達成目標、絕不罷休的驚人毅力。

你把自己性格裡「最認真」的那一部分成功的推銷出去了。

「意外人」自我介紹

「努力人」自我介紹完了，現在換「意外人」。我們一樣先複習一下「意外人公式」：**目標↓意外↓轉彎↓結局**。

現在，「意外人」湯炳舟的一分鐘自我介紹開始：

一、**目標**：十年前，我暗戀一個女孩，我想追求她，但又不知道怎麼開始。我的死黨教我一個方法：每天帥氣的出現在她身邊。問題是我不帥啊，我的死黨翻了個白眼說：「這我也知道，但你總有才華吧。沒有長相，那就秀才華啊。」才華？嗯，我最有自信的地方是我彈了一手好吉他，而且歌喉還不錯。於是我每天埋伏在女孩必經的路上，帥氣的自彈自唱。

二、**意外：**三個月之後，女孩終於停下來聽我唱歌了，我開心極了。六個月之後，她居然開口對我說話了，天啊，我超興奮。女孩說：「我想鼓起勇氣，跟你說一句話，因為你是……」女孩正說到重點的時候，她的身後突然走出了一個男孩。兩人對看了一眼之後，居然手牽著手，對我說：「謝謝你，你是我們的媒人。」什麼？媒人？我聽了差點昏倒。應該是愛人吧，怎麼會變成媒人呢？

三、**轉彎：**原來，女孩愛聽我的歌，每次聽到我的歌都會不自覺地放慢腳步。三個月前，她開始停下來聽我唱歌，從一分鐘，到三分鐘，再到十分鐘，最後是一個小時。沒想到同一時間，也有一個男孩跟她一樣，也是這樣從一分鐘，三分鐘，十分鐘，最後是一個小時的聽我唱歌。就這樣，他們是牛郎和織女，而我只不過是一座鵲橋，搭起他們愛的橋梁。

四、**結局：**女孩說完之後，一旁圍觀的人熱情鼓掌。我很難過，但不想表現出來，於是我故作大方的說，不如我就來唱一首歌，祝福你們二位白頭偕老吧。觀眾聽我這麼說，簡直暴動似的，瘋狂鼓起掌來。不過，這次掌聲是給我的。我沒得到一個人的愛情，卻意外得到超多人的喜愛。對了，不如我現在就來唱一首當時我獻給他們的歌，如果你發現我唱的時候流淚了，那是認真悲傷的眼淚啊。

故事說到這裡，我想每個人都已經對你印象深刻了。這時候，再補上一槍，唱一首應景的歌，幫剛才說的故事配上適合的音樂。這下子，我想人們可能連做夢都會夢到你。不，他們一輩子都不可能忘記你了。

不只如此，更重要的是，藉由「意外人」自我介紹，你把自己性格裡「最幽默」的那一部分，成功的推銷出去了。

三種選擇建議

聽完以上兩種自我介紹法，究竟應該使用哪一種比較好？

我有三個建議：

第一個建議：從聽眾的角度來選擇。

如果聽你自我介紹的人，屬於可以安安靜靜聽你說故事的人，那會比較適合「努力人」自我介紹法。如果聽你自我介紹的人，屬於比較活潑，甚至躁動的，你可以用「意外人」。

第二個建議：從你的需求來決定。

如果你希望別人看重你的認真，那你就用「努力人」自我介紹法。如果你希望別人看重你的幽默，那你就用「意外人」自我介紹法。

第三個建議：追隨你的性格。

如果你是一個不擅於說故事的人，你可以直接挑比較符合你性格的來用。簡單來講，就是不要想太多，你是哪一種人就說哪一種故事，這樣的你，會比較自在，故事聽起來也比較真誠。

三分鐘自我介紹

如果你有很多時間來介紹自己，那麼就用靶心人公式吧。

至於什麼時候會有很多時間自我介紹呢？舉個例子，如果你是演講者，聽眾就是為你而來的，那你完全不用顧慮，大方說一個完整的故事吧。

我們依然以湯炳舟為例，「靶心人」湯炳舟的三分鐘自我介紹開始：

一、**目標**：一個人一輩子可能會有一萬個目標，但我的目標從頭到尾只有一個，那就是成為一名歌手。

二、**阻礙**：很多人以為我天生嗓子好，所以才想當歌手。相反的，我的資質並不好，十個想當歌手的人裡面，我大概是排名第九的。

三、**努力**：所以呢，我決定每天苦練，先從街頭藝人當起。每天到街頭練唱，一天唱它個十小時，我相信每累積一千小時，我就能進步一名。現在的我，已經連續唱超過九千個小時了，正朝一萬小時邁進。

前面三個步驟和「努力人」一樣，但第四個步驟「結果」開始不一樣了。

四、結果：如今的我已經和以前完全不一樣了。我有自信，十個唱歌的人裡面，我的排名肯定是數二數三的。但街頭人來人往，會停下來認真聽我唱歌的人，還是少之又少，但幸好我不是唱給他們聽的。這麼說，雖然有點孤僻，但我真的只是想唱給我自己聽。

五、意外：這一天，不太尋常，因為我的場子圍了差不多有一百多人，好像我是著名的歌手似的。我不明白為什麼，但反正不是壞事，我依然像平常一樣唱我的歌。唱到一半時，有個經常來聽我唱歌的男孩突然站到我面前來，他說：「我想鼓起勇氣，跟一個女孩說一句話……。」男孩說著、說著，就伸出手來，牽起隔壁女孩的手，認真的說：「我想在這個我們最愛的歌手面前，對你說，嫁給我吧！」

六、轉彎：原來，暗戀女孩的男孩注意到女孩愛聽我的歌，於是每天搶先來這裡等女孩，後來他們真的談起了戀愛。原來我的歌聲是喜鵲，為牛郎和織女傳遞了愛的訊息。男孩說完，一旁圍觀的人熱情鼓掌，原來他們全都是男孩的親友團。女孩害羞的不知所措，兩個人僵在那裡。我靈機一動說，結婚是一件大事，確實需要好好想一想，不如這樣，讓我先來唱一首他們最愛的歌，讓女孩有一首歌的時間好好想一想。

七、結局：歷經了這個告白事件之後，我突然在街頭上暴紅了起來，因為大家都說我的歌聲能招來愛情，他們甚至給我一個稱號，叫「愛情歌手」。我很開心，我的歌能帶給別人幸福，但我更開心的是，我的歌一直是我的幸福，而且從來沒有改變過。

講完上面的故事，我想你的自我介紹已經深深烙印在聽眾的腦袋裡了。你成功利用一個讓人感到驚喜的意外故事，巧妙的植入你這個人的認真性格。

我的三秒鐘自我介紹

對於「自我介紹」，如果你現在還是有那麼一點遲疑或抗拒的話，那麼我要再推你一把。

我一年有三百場演講，也就是說，我一年擁有三百次的自我推銷機會。但你以為我會因為得來太容易，而輕易放棄掉任何一次的自我介紹嗎？

不會，就像每天都要刷牙一樣，每一次要上台前，我還是會不厭其煩的提醒自己：

許榮哲，你知道誰的故事最重要嗎？答案是「你自己的故事」。

許榮哲，你知道誰的故事永遠不會過時嗎？答案是「你自己的故事」。

許榮哲，你知道台下的人最想聽誰的故事？答案是「你自己的故事」。

所以，我絕不會放掉任何一次的自我介紹，我甚至會把它變成一場重要的暖場，兼主秀。就像演唱會一樣，一開始如果沒有把氣氛帶起來，觀眾就會分神，如此一來，接下來的每一步路都會變得越來越艱難。

我的自我介紹不只要讓大家認識我，還肩負著讓觀眾對我接下來要演講的內容有興趣。

如果情況特殊，我根本沒時間自我介紹，那該怎麼辦？如果情況真的這麼特別，那麼我就用「三秒鐘」來自我介紹。

你沒聽錯，就是三秒鐘。

「各位好，我是天才。接下來的演講，我會證明我講的是真的。」

現在，有沒有覺得自我介紹簡單多了？有沒有覺得自己就要一飛沖天、一鳴驚人了？

我們大部分的人都不是賈伯斯，所以不會有那麼多高潮起伏的戲劇化人生。我們所擁有的，不過就是平凡無奇的人生。難道你希望用殘酷的人生，來換一個精彩的故事嗎？

不，你不用。看了上面平凡的湯炳舟的幾個例子就知道，只要你學會說故事，能夠有效的把你的故事重新排列組合，最後再撒上一點香料，放進美美的盤子，一樣會迷死許多人。

年輕的時候，有人告訴我，像我們這種平凡人，註定是沒有故事的人。當時，我不懂得反駁他，但現在我會告訴他，不，你錯了，**不會說故事的人，才**

是沒有故事的人。

因為我們都是天才，所以日後肯定會有一大堆人，排著隊想聽你的故事，所以請隨時準備好你的自我介紹。

一個好的自我介紹，可以重複使用一輩子。

我準備好了，你呢？

重點筆記

- 十秒鐘的自我介紹↓使用「現實扭曲力場」模式
- 一分鐘的自我介紹↓使用「努力人或意外人公式」
- 三分鐘的自我介紹↓使用「靶心人公式」
- 不會說故事的人，才是沒有故事的人。一個好的自我介紹，可以重複使用一輩子。

第 6 課

打造自己的品牌：五招讓你紅

誰是世界上最會賣東西的人？
這位「故事行銷天才」，透過「演故事」，
讓自己紅起來，變成超級巨星。
並且靠著五招「行動逆轉力場」，
成功打造出個人品牌。

誰是世界上最會賣東西的人？蘋果的賈伯斯嗎？當然不是，如果是的話，那就太無趣了。

先來問幾個問題：史上最貴的拍賣品是什麼？是擁有上百年歷史的古老莊園，還是鐵達尼號的沉船寶藏？

都不是，正確答案是一幅畫。

再繼續往下猜猜看。史上最貴的拍賣品是哪一位畫家的作品？是梵谷還是畢卡索？

公布正確答案之前，我們先來比較一下這兩位畫家，因為他們倆有一個驚人的對比。

世界上最會賣東西的人

從知名的角度來看，梵谷和畢卡索的名氣相當，不過他們的人生際遇大不相同。

梵谷，二十七歲開始學畫，三十七歲自殺身亡。短短的十年創作生涯裡，只賣出過一幅畫，據說還是他弟弟幫忙賣的。

相反的，畢卡索十五歲開始學畫，九十一歲過世，一生賣出的畫不計其數，累積的財富驚人，身後遺產幾十億美金。

我不知道大家比較喜歡哪一位畫家，但我知道絕大多數的人比較希望過畢卡索這樣的人生。我個人喜歡畢卡索多過於梵谷，原因是他過的是「主動」式的人生，而梵谷過的是「被動」式的人生。

畢卡索的名聲都是他自己掙來的，梵谷則完全是靠機運。怎麼說呢？梵谷生前沒沒無聞，死後原本也極可能默默消失，彷彿世界上從來沒有這個人。後來，梵谷之所以聲名大噪，廣為後人所熟知，是因為當年梵谷的弟媳婦發現了他寫給他丈夫，也就是梵谷弟弟的信，因此邀請媒體來傳播信裡提到的故事。如果沒有這件事，梵谷的畫作恐怕早就被當成垃圾處理掉了。

也就是說，梵谷的故事是別人幫他傳播出去的。相反的，畢卡索則是完全靠自己，他的名聲全都是靠自己傳播出去的。

故事行銷天才

畢卡索是個繪畫天才，這一點大家都知道，但他同時也是一個「故事行銷天才」，他的畫大都是自己賣出去的，用各式各樣巧妙的商業行銷手法。

畢卡索有句名言：「重要的不是一位藝術家在做什麼，而在於他是什麼樣的人。」這句話非常棒，用在一般人身上也同樣適用。意思是，正因為有你這樣的人，才會做出這麼一件又一件的事。

那麼畢卡索究竟是什麼樣的人呢？我個人非常武斷的說，畢卡索其實就是位「行動藝術家」，**他透過一次又一次的「行動」，讓自己迅速走紅起來**。

行動的英文就叫 Action。Action 是拍電影時，最重要的一句話。當導演喊出 Action，劇組的所有人全都得開始動起來，或者更精準的說，所有人全都得開始「演」起來。

沒錯，就是「演」。

說故事的方法千千萬萬種，如果口才不好，無法像蘋果賈伯斯一樣，那麼你可以學學畢卡索。賈伯斯動嘴巴，說故事；畢卡索則是動腦袋，演故事。

賈伯斯的「說故事」方法叫「現實扭曲力場」；畢卡索的「演故事」方法，我們把它叫做**「行動逆轉力場」**。

畢卡索究竟動了什麼腦筋？編了什麼故事？逆轉了什麼力場？我們一個、一個來看。為什麼要一個、一個來看呢？因為真的有很多個，而且各個巧妙不同，值得我們好好學習。

我們就一起來看看畢卡索是如何透過「演故事」讓自己紅起來，變成超級巨星。

Action，開始！

行動逆轉第一招：自我宣傳

畢卡索是西班牙人，他剛到法國巴黎闖蕩藝術圈的時候，完全沒有名氣，所以一幅畫也賣不出去。幸好，他不是等待機會的人，而是創造機會的人，他想了一個妙招來突圍。

他雇了好幾個大學生，每天到巴黎的畫店繞來繞去，離開畫店之前，故意問老闆：「請問，你們這裡有畢卡索的畫嗎？」

「沒有，誰是畢卡索？」

「請問，哪裡能買到畢卡索的畫？」

「又是畢卡索，我不知道。」

「請問，畢卡索到巴黎來了嗎？」

「我不知道，畢卡索到底是誰啊啊啊？」

最後，變成畫店的老闆到處詢問：「哪裡買得到畢卡索的畫？我想要進一些來賣。」

沒多久，「畢卡索」這三個字就變成巴黎畫店老闆最陌生，卻也最熟悉的畫家。他們對畢卡索感到無比的好奇。

直到時機成熟，畢卡索這才帶著自己的畫作，出現在巴黎各大畫店。

這時，畫店老闆已經被畢卡索的妙招餵養成飢餓的老虎，這時的他們就算看到紙紮成的兔子，也會飢不擇食的撲上前來。

就這樣，畢卡索成功的把自己推銷出去，賣出多幅畫作，一戰成名！

當然啦，這種說故事的方法，有一定的風險，它必須搭配畫家的實力，否則日後一定會被識破。

換個說法，畢卡索就是因為**相信自己的能力，所以事先「預支」了自己的知名度**。

行動逆轉第二招：明星代言

隨著畢卡索越來越紅，他的商業頭腦也跟著不斷進化。

畢卡索每次去買東西時，都不付現金，而是簽名，開支票。乍看之下，這沒什麼特別的。但試著想想，如果是周杰倫給你一張十元支票，上面還有他的簽名，你會怎麼做？

再笨的人都知道，這張支票不是拿來兌換的，而是拿來炫耀的。知名的藝人如此，知名的畫家更是如此。因為隨著時間的流逝，再怎麼紅的藝人都會老去，但藝術家會不斷增值，尤其是以「作畫」為職業的畫家簽名啊。

畫家的簽名其實就是一幅「麻雀雖小五臟俱全」的畫作，而且是簽名保證的畫作，絕不是山寨品。

正因為金額不大，再加上畢卡索的名氣不小，所以店家根本不想拿支票來兌換現金，反而是買個框裱起來，掛在自家的商店牆上當作宣傳。

最後，究竟是誰宣傳了誰？

一個店家掛一張畢卡索的支票，為的是宣傳自己；但幾千幾百個店家一共掛了幾千幾百張畢卡索的支票，等於大大的宣傳了畢卡索。

一般而言，我們必須付費給幫我們打廣告的人，但畢卡索這個舉動，等於是反過來，讓一大群人免費幫畢卡索打廣告，還得一一付錢給畢卡索。

畢卡索這個動作，在現代這個商業社會裡，等於就是「明星代言」嘛。它意味著：這家店不錯喔，畢卡索也曾經來光顧過。不只如此，他還簽名保證呢。再換個角度來看，畢卡索每簽一個名，就等於印了一張鈔票。

畢卡索就這樣每天印鈔票，每天打廣告，你說畢卡索天不天才？

行動逆轉第三招：專業社交

畢卡索的職業是畫家，畫家賣畫維生，所以人脈非常重要，因此社交是一件非做不可的事。

但社交對畢卡索而言，並不容易。因為他是一位外籍藝術家，獨自在人生地不熟的法國闖蕩，難度頗高，再加上他不善言辭，所以社交對他而言，確實是一個難題。

聰明的畢卡索，採取了一種獨特的社交策略。首先，他選擇不走沙龍展覽，而是跟畫商合作，由他們來幫忙賣畫。這樣畢卡索只要跟少數的畫商或重要收藏家交流就行了。

怎麼交流呢？當然不是靠談話，更不是吃飯喝酒，而是利用畢卡索自身的優勢，畫畫——他幫畫商和收藏家畫肖像畫。

如此一來，畢卡索有效的避開缺點，發揮優點。更重要的是，被畢卡索畫肖像的人會感到無比的光榮。

畫肖像畫這種奇異的社交方式，幫了畢卡索的大忙。畫畫必須專注的凝視對方，畫完之後又可以永恆保存，這讓畢卡索和畫商之間，建立了獨特而深刻的情誼。

我認識一名桌遊經銷商，第一次見面時，都還沒自我介紹，他就當場拆了一盒桌遊，教我玩。我們邊玩，邊聊天，桌遊玩完之後，我們的交情就完全不一樣了。他用他的專業，把自己推銷出去。從此，我被他說服，也被收服了。

自己的專業，就是最好的社交工具。

行動逆轉第四招：創造競爭

畢卡索的情人之一（他的情人很多）弗朗索瓦．吉洛，曾說過一句很妙的話：「來自西班牙的畢卡索待人處事有鬥牛士的風範，尤其涉及買賣時。」

意思是，畢卡索常利用畫商之間的心理競爭，來抬高他的作品售價。

賣畫時，畢卡索會同時找來好幾位畫商，然後一次只讓一位畫商進入他的工作室，其他畫商就在前廳等候。

畢卡索一一解說畫的故事給畫商聽，從創作背景、創作意圖，一直到畫裡的故事。於是畫不再只是抽象的概念，它同時也是一個又一個充滿溫度的故事。當人們對畫裡的故事感興趣，畫的價值就會開始往上攀升。

一如畢卡索的名言：「我畫的不是事物的表象，而是不能用肉眼看出的本質。」既然一般人無法用肉眼看出畫的本質，那麼畢卡索就透過故事來讓大家親近畫作。

讓畫作的價值攀升的，不只是故事，還包括畫家之間彼此的心理競爭。

「他到底有沒有買那幅畫？」「如果我不開高價一點，這幅畫會不會被他買走？」……

因為資訊不對等，畫商一來一往，彼此互相猜疑，畢卡索就有了抬高作品價錢的空間。

行動逆轉第五招：異業結盟

上面提到的四種行動，讓畢卡索的人生徹底逆轉。

畢卡索紅了，但只限於繪畫圈子。

真正讓畢卡索迎風起飛，變成超級大紅人的是他參與了芭蕾舞劇《三角帽》的舞台布景與服裝設計。

他簡化了艱深難懂的立體主義畫風，讓觀賞芭蕾舞劇的富商、名流，全都看懂了。當芭蕾舞劇結束時，畢卡索穿著獨樹一格的衣服向觀眾致謝時，全場爆以如雷的掌聲，彷彿他才是這齣芭蕾舞劇的最大功臣。

從此，「魔術師畢卡索」誕生了。

畢卡索見好不收，趁勝追擊，隨後立刻舉辦個人畫展，把喜愛芭蕾舞劇的富商、名流統統接收過來，變成他的粉絲。之後，畢卡索這個名字大量與時尚聯結在一起。他在瓷器上作畫，他為葡萄酒設計商標，他為他自己帶來了巨大的名氣，全巴黎的上流社會都認識他了。

畢卡索從一個只會畫畫的藝術家，變成一個跨領域的天才。

畫家很多，很容易被取代；但天才只有一個，活著的時候很值錢，死掉的時候更值錢。人們開始瘋狂搜購畢卡索的作品，因為那不是出自畫家畢卡索，而是出自天才畢卡索。

畢卡索是不是天才，我們不知道。但這時的畢卡索肯定是一位超級巨星。人們著迷的從來不是明星的演技，而是明星全身上下所散出來的一切。

史上最貴的畫作

嘩，從以上種種行動來看，畢卡索確實是個「故事行銷天才」。

現在回到最初的問題：史上最貴的拍賣品是哪一位畫家的作品？我想你應該已經猜到了，答案就是畢卡索。

他的畫作《阿爾及爾的女人（O版本）》，二〇一五年在美國紐約佳士得拍賣會上，以一億七千九百三十六萬五千美元（約新台幣五十五億）賣出。

等等，故事還沒完呢。

說完畢卡索的故事，現在我們來說一說這幅史上最貴畫作的故事。

如果你以為這幅畫是畢卡索這一輩子最才氣煥發的創新之作，所以才這麼貴，那你就錯了。

事實上，這幅畫是三位大師級畫家合作完成的，分別是野獸派大師馬諦斯，以及浪漫主義畫家德拉克拉瓦，最後才是印象派大師畢卡索。

事情是這樣的，畢卡索一直以來就對德拉克拉瓦的作品十分著迷，固定每個月都會去羅浮宮好幾次，就為了反覆欣賞德拉克拉瓦的畫作〈在住宅中的阿爾及爾女人〉。

他也多次稱讚德拉克拉瓦：「那個傢伙，太了不起了。」

這幅畫作不斷縈繞在畢卡索的記憶中，直到某個契機出現，那就是：野獸派大師馬諦斯過世。

畢卡索與馬諦斯之間的關係，就如同諸葛亮和周瑜的關係：一個是抽象派始祖，另一個則是野獸派大師。

兩人的關係既是競爭對手，卻又是惺惺相惜的好友，而向偉大對手最好的致敬方式就是：帶著他的夢想前進。因此畢卡索說：「馬諦斯死後，將他的宮女們遺贈給我。」

他指的是馬諦斯生前的「宮女」系列畫作，畫中的宮女各個神情慵懶、身姿性感。

馬諦斯的離世，是促成畢卡索繪製「阿爾及爾的女人」的重要動機，畢卡索決定以自己最擅長的抽象畫來展現馬諦斯畫中的宮女。同時，他突然靈光乍現，想起過去心心念念的德拉克拉瓦，於是決定採用《在住宅中的阿爾及爾女人》的構圖設計。

最後，在一九五四至一九五五年間，畢卡索創作了十五幅〈阿爾及爾的女人〉，編號分別從A到O。二〇一五年五月，紐約佳士得拍賣會上，〈阿爾及爾的女人〉（O版本）以五十五億兩千兩百多萬台幣成交，創下拍買史上最貴畫作的紀錄。

現在，我們終於知道這幅天價畫作的祕密了，那就是：馬諦斯的素材＋德拉克拉瓦的構圖＋畢卡索的再創造，他們三個人一起成就了藝術史上最璀璨的一顆星。

畢卡索的知名度，再加上名畫背後的故事，讓它成了一般人茶餘飯後的話題，但在行家眼中，它可是無比珍貴的寶藏。

故事是一門好生意，沒有人比畢卡索更清楚了。

我想畢卡索這一生如果有什麼遺憾的話，沒能在他還活著的時候，天價拍賣出這幅畫，應該是他一生中「最遺憾的前幾名」。

畢卡索生前很會賣畫是一回事，因為他是個「故事行銷天才」嘛。但為什麼畢卡索死後，他的畫作，依然這麼賣？不，是超級賣？他不是已經永遠閉嘴，無法再說故事了嗎？

答案是：**品牌**。

「畢卡索」三個字，就是一個知名的品牌。**因為品牌，可以超越產品的生命周期，永無止盡的傳播下去**。

死了之後，東西依然賣得嚇嚇叫。「世界上最會賣東西的人」，畢卡索當之無愧。

重點筆記

- 畢卡索打造品牌的行動逆轉五招：

第一招：自我宣傳

第二招：明星代言

第三招：專業社交

第四招：創造競爭

第五招：異業結盟

第 7 課

三分鐘說五千零四十個故事

你一定要學套路，這樣才能有效縮短學習的時間；
但當你學會套路，並且開始使用套路的時候，
一定要找到跟別人不一樣的使用方法，
這樣才能讓你從一堆不會飛的雞裡，揮動翅膀，
凌空飛了起來，變成一隻遨翔天際的鷹。

課程開始前，我想請大家先回憶一下第二課的靶心人公式。

回憶完後，我要來揭露一個殘忍的真相：「靶心人」這個套路是三流的。

三流的？聽到三流，你可能會大吃一驚，然後追問：「為什麼不直接教一流的？」

答案很簡單，因為「**凡套路都是三流的**」。

那為什麼還要學套路？因為你目前還不入流，所以要運用套路，讓你在短短的幾十分鐘之內，就從不入流，變成三流。

從不入流到三流，不要花太多時間；從三流變成一流，才值得你花大把、大把的時間。

不過，千萬、千萬、千萬不要因此瞧不起三流。三流的套路雖然不會讓你成為經典，但已經足夠讓你雄霸一方，在大部分的比賽裡稱王。

話不是我說了算，確實有人針對「故事的套路」做過一番詳細的研究。

百分之八十九的套路

西元一九九九年，以色列某個研究小組從各大廣告比賽裡，搜集了兩百多個優勝作品。經過分析比對之後，研究小組發現這些優勝作品，有高達百分之八十九的比率可以歸類在六大故事模板裡。意思就是它們大都是有套路的，而不是獨一無二的原創。

為了加強這個論點，研究小組試著反過來操作；他們把其他落選的一百多件廣告作品和這六大模板作比對分析，結果更驚人，只有百分之二的作品可以套進六大故事模板裡。

好作品有百分之八十九是套路，壞作品只有百分之二是套路，這兩個數字比也太驚人了。

這個研究結果，乍看之下，跟我們一般人的理解不太一樣，但其實是有道理的。它驗證了托爾斯泰的名言：「幸福的家庭都是相似的；不幸的家庭各有各的不幸。」

運用套路，站在巨人的肩膀上，是一件好事；但如果巨人的肩膀上站了太多人，人擠人最後不是被踩死，就是從巨人的肩膀上掉下來，那就不好了。

舉個例子。當年在電視台編了三十幾年的老編劇，教會了我「靶心人公式：三分鐘說一個完整的故事」。我們做一個簡單的假設，假設老編劇總共教了一萬個學生，而他的學生，我許榮哲，日後也教了一萬個學生，那麼一萬（個學生）乘上一萬（個學生），就是一個驚人的天文數字了。

這個算法當然不精確，它只是要提醒大家一件事，**當某件事全世界只有你會的時候，那就有了稀缺性，擁有稀缺性的你，就擁有了不可替換的珍貴價值**。但……如果這件事全世界每個人都會，那就沒什麼了不起，你跟路人沒什麼兩樣，因為沒有特殊性，所以沒有人會多看你一眼。

以上兩種說法，乍聽之下有點矛盾，先是用以色列做的研究告訴我們「套路很重要」，後來又說「人人都會套路，所以不重要」。

但我的意思其實是……你一定要學套路，這樣才能有效縮短學習的時間；**但當你學會套路，並且開始使用套路的時候，一定要找到跟別人不一樣的使用**

方法，這樣才能讓你從一堆不會飛的雞裡，揮動翅膀，凌空飛了起來，變成一隻遨翔天際的鷹。

活用靶心人公式

我曾誇口學會靶心人七個步驟的公式，每一個人都可以在三分鐘之內，說一個完整的故事。

如果沒有意外的話，現在的你應該已經學會講故事了，差別只在於講出來的是讓人眼睛為之一亮的動聽故事，還是讓人昏昏欲睡的無聊故事。

為什麼明明大家都用同一個套路，有些人講出來的故事就特別動聽，有些人講出來的故事就讓人哈欠連連？

那是因為……你硬著來，用的是死方法。

五千零四十種說故事公式

我曾做過一個實驗，不告訴學生「靶心人」公式的七個步驟順序，而是先讓學生依照自己的想像、經驗或者邏輯，自己去排列組合一次。結果讓我大吃一驚，一百個學生竟然排出八、九十幾種不同的順序組合，意思就是每個人都有不同的故事邏輯想像。

後來，在不同的演講場合裡，我又測試了好幾回，結果依然如此，每個人對故事順序的理解和想像，完全不一樣。是我的學生錯了？還是我的編劇老師錯了？

都沒錯，我的編劇老師整理出來的靶心人公式，是依照時間發生的「順序」，再加上「因為、但是、所以」的正向邏輯發展出來的，是最簡單、最直接、完全不要花腔的說故事方式。

後來，我做了第二次的實驗。我將「靶心人」七個步驟任意排列，一共得出7×6×5×4×3×2×1＝5040種說故事的公式。然後請學生一個一個測試，最後得到的結論是：每一種組合都可以講一個完整的故事。

聽起來非常誇張，誇張得不得了，就像你一開始看到這堂課的標題一樣，應該心想「三分鐘說五千零四十個故事」也太扯了。但你就是被這標題吸引了，你希望標題說的是真的，雖然你本能的認為，這一定是標題殺人法，它只是為了吸睛想出來的噱頭。

不管如何，你相信也好，不相信更好，現在我就來示範給你看，任何一種組合，都可以講出一個完整的故事，不，是更好的故事。

任意組合出更好的故事

首先，我們以童話之父安徒生的代表作〈人魚公主〉為範例。這故事套用靶心人公式，七個步驟分別如下：

一、**目標**：王子發生船難，美人魚正好經過，救了王子。美人魚對王子一見鍾情，從此心心念念的就是想要跟王子在一起。「想跟王子結婚」是美人魚的目標。

二、**阻礙**：人和魚不同族類，人用雙腳走路，美人魚用尾巴游泳，兩人無法共同生活在同一個水平面上。所以阻礙是「美人魚的尾巴」。

三、努力：美人魚想要一雙人類的腳，於是去找巫婆幫忙。巫婆說，可以，沒問題，但你必須用身上最好的東西來交換。美人魚的歌聲非常優美，她身上最好的東西是「嗓音」。此外，巫婆也說了，萬一美人魚最後沒有完成她的目標，也就是沒有「跟王子結婚」，那她就會變成泡沫，啵一聲破掉，然後死去。巫婆說：「這樣你還願意交換嗎？」美人魚想都沒想就說「我願意」。就這樣，美人魚擁有了一雙人類的腳，但也從此變成了啞巴。

四、結果：美人魚上岸，跟王子有了一段短暫的美好時光。但我說過了，靶心人公式裡的「結果」通常是不好的，如果看起來不錯，那也是暫時的，很快就會幻滅。

五、意外：幻滅果然很快就到來了，有一天王子回家，開心的對美人魚說，我終於找到當初在大海救我的女人了，那個人就是……聽到這裡時，美人魚非常開心，她還以為王子終於記起來了，是美人魚救了他。但沒想到王子居然說，當初在大海救他的女人是……隔壁鄰國的公主，他已經決定要鄰國公主結婚了。這時的美人魚心都碎了，但她為什麼不說清楚、講明白？原因是……

她是個啞巴，她已經拿聲音去換腳了。這時，讀者終於瞭解，為什麼當初不拿頭髮、腋毛來換，而是非得用聲音來換才行，因為如此一來，變成啞巴不能說話的美人魚才會變成伏筆。

六、轉彎：這個步驟最重要，因為它是連續劇的最後一集，電影的倒數十五分鐘，劇情開始要由正轉反，或由反變正，通往結局了。不會說故事的人，一不小心就會略過這個步驟，直接通往結局。但故事裡最揪心、最刻骨銘心的地方通常在這裡。以這故事為例，美人魚的姐姐知道妹妹快死了，於是去向巫婆求情。巫婆說，要你妹妹活下來可以，拿你們的頭髮來換我手上的這把匕首，只要你妹妹肯用這把刀子刺向她最愛的人的心臟，那她就會活下來。

就這樣，一個夜黑風高的晚上，美人魚帶著匕首，穿過層層的警衛，來到王子的寢宮。此刻，王子正在熟睡中，美人魚看著這張她最愛的男人的臉，臉上的表情劇烈變化，隨著刀子高高舉起，她的內心越來越掙扎，一邊是最愛的人，一邊是自己的性命，美人魚陷入痛苦的兩難折磨。美人魚越痛苦，觀眾的心就被揪得越緊，戲劇就會越緊湊，越好看。

七、結局：比美人魚高高舉起的刀子更早落下來的是什麼？有人說是刀鞘，當然不是，這不是搞笑故事。比刀子更早落下來的，是眼淚。眼淚掉下來，代表美人魚做出了選擇，她把刀子往大海一丟，她選擇的是……犧牲自己的性命，成全王子。就這樣，美人魚最後變成泡沫，啵一聲，破掉，死去。

這故事的作者是安徒生。對於安徒生，大家只知其一，不知其二。大家知道的是，安徒生是童話大王，除了〈人魚公主〉之外，他還寫過膾炙人口的〈國王的新衣〉、〈醜小鴨〉、〈賣火柴的小女孩〉等著名童話。但大家不知道的是，安徒生是史上「第一個」童話作家，在他之前的童話大都是搜集而來的民間故事，但安徒生的童話全都是自己創作的。

通常「第一個」創作者的作品都帶著那麼一點野生野長的況味，充滿原創性，卻粗糙不完美，然而安徒生的作品恰好相反。作為第一個童話作家，他一出手，就寫下許許多多結構完美的作品。

為什麼？因為安徒生在寫童話之前，已經是一名編劇和小說家了。這就是

〈人魚公主〉這個故事的結構如此完美的原因。

改變順序，從「轉彎」說起

底下我們舉三種組合，來證明任何順序都可以重新說出一個故事，而且是更好的故事。

在原來的靶心人公式裡，「轉彎」是第六個步驟，而「目標」才是第一個步驟，現在我把它們變成第一、第二個步驟，重新來說故事，看看會有什麼奇妙的變化。

〈人魚公主〉第一個敘事法：轉彎↓目標

故事從「轉彎」這個步驟開始。

一個夜黑風高的晚上，一個蒙面人帶著匕首，穿過層層的警衛，來到王子的寢宮。帶刀的蒙面人引起觀眾的好奇，他是誰？他想幹什麼？

此刻，蒙面人來到王子的面前，王子正在熟睡中，蒙面人拿下面紗，嘩，居然是一位美麗的女孩。當美女刺客高高舉起刀子時，她臉上的表情劇烈變化，隨後，沒有預警的，一滴眼淚從美女刺客的臉上落了下來。

現在，故事要從「轉彎」轉到「目標」囉。

「特寫」美女刺客的眼淚落了下來，正好落在王子的額頭上，眼淚濺了開來，畫面轉換，飛濺的眼淚變成了驚濤駭浪，而王子就在海浪中間載浮載沉，突然一個閃電、伴隨著一個大浪，把王子捲進大海裡。

就在王子昏迷，沉入大海的前一刻，一隻人魚迅速游了過來，把王子救了起來。這時，特寫人魚的臉，嘩，這不是一開始那個蒙面刺客嗎？

一個順序的改變，平凡無奇的故事瞬間起了大變化，它讓觀眾在短短的幾分鐘之內，好奇連連：為什麼要蒙面？為什麼要殺人？為什麼會落淚？為什麼從人魚變成人？一連串的為什麼……

這時，所有人都被你的故事吸引了，奇怪了……這不是人人都熟得不得了的人魚公主的故事嗎？為什麼一個轉彎，就突然超新星大爆炸似的，發射出會把人刺瞎的耀眼光芒？

現在你相信即使用同一個套路，也會產生平庸與天才的天差地別了吧！

雖然你現在距離平庸近一些，但不用擔心，天才的曙光已經出現了，你要相信那是你的曙光，為了榮耀你而誕生的光明，就要來了。

重點筆記

- 好作品有百分之八十九是套路。一定要學套路，這樣才能有效縮短學習的時間；但當你學會並開始使用套路時，一定要找到跟別人不一樣的使用方法。
- 將靶心人公式的七個步驟任意排列，可以得出五千零四十種說故事公式。每一種組合都可以講一個完整的，甚至更好的故事。

第 8 課

時空跳接：相似物轉場

隨時隨地，三分鐘說一個完整的故事，
實在很令人羨慕。
但如果同一個故事，可以像萬花筒般
變幻出五千零四十種說法，
那麼你絕對有資格宣稱自己是天才。
而那些看起來厲害到不行的說故事方法，
其實都是有竅門的……

上一堂課我們提到，將靶心人公式的七個步驟任意排列之後，一共可以得出五千零四十種說故事的方法。我想，直到現在，你一定還對這一段話感到半信半疑。

沒關係，這很正常，因為它聽起來確實不太可思議，我們必須再多舉幾個例子讓你清楚知道，五千零四十種說故事方法的竅門在哪裡，並且要讓你相信它具體可行，人人都可以實踐。

運用轉場的技巧

七個步驟的任意排列，意味著情節不是依照時間順序發展的，而是隨機拼貼的。想像一下，一張完整的圖畫，你把它剪成七大塊，最後希望它們能變回一張，這時的你需要什麼？

你需要有一個類似膠水的東西把七大塊黏起來。但有了膠水還不夠，因為隨機的碎片連接起來肯定坑坑疤疤，醜得不得了，所以這時的你還必須有一個修圖工具。

有了「膠水＋修圖工具」，你就能把兩張不相干的圖，完美的連接起來。以電影來比喻，就是**把前後兩個完全不相干的場景，利用「轉場」的技巧，把它們巧妙的連接起來。**

什麼是轉場？怎麼轉場？

所謂「場」，其實就是場景。一部電影是由很多「場景」連接起來的。

上一堂課，我們提到〈人魚公主〉時，其實就舉了一個轉場的例子：從「轉彎」這個步驟，跳接到「目標」那個步驟。

美人魚因為不忍心殺害王子而掉下眼淚，眼淚落在王子的額頭上飛濺開來，這時畫面跳接成了驚濤駭浪，而王子在海浪中間載浮載沉，美人魚即時出現，救了王子，這是兩人相遇的最初……

從安靜無聲的王子寢宮，跳到狂風暴雨的美人魚大海，兩個場景差異超級大，根本無法把它們直接連起來，然而為什麼說完這兩段情節之後，觀眾不只沒有覺得突兀，反而還覺得精彩無比？

原因是我們偷偷**用了「膠水＋修圖工具」，把兩個不同時空的場景，天衣無縫的連接了起來，也就是用了電影裡的「轉場的技巧」**。

電影的轉場技巧非常多，我們先把焦點鎖定在其中一個最適合拿來說故事的轉場方式——相似物轉場。

相似物轉場

從皇宮裡，王子額頭上濺起的眼淚，跳接到大海，滔天巨浪裡載浮載沉的王子，這就是相似物轉場。在電影史上最經典的例子，就是美國導演史丹利．庫柏力克（Stanley Kubrick）於一九六八年拍攝的科幻電影《二〇〇一太空漫遊》。

這裡簡述一下故事大綱：

西元二〇〇一年，發現號太空船被派往木星出任務。由於旅程中出了狀況，導致主人翁大衛博士等人，決定關閉太空船上的超級電腦ＨＡＬ。ＨＡＬ有著人類的思維，他認為關閉主機的意思就是要殺死他，於是ＨＡＬ決定先發制人，你要我死，我就讓你死。超級電腦HAL發了瘋似的，一個接著一個殺死人類。

電影裡的「相似物轉場」，出現在電影開場後不久，從人類還沒出現的遠古時代，跳接到人類已經登陸月球，並在月球設立基地的太空時代。

黑猩猩從一個神祕的黑石板得到靈感，他們在遭受其他族類攻擊時，撿起地上的動物獸骨，當作武器，成功的擊退敵人。其中一隻黑猩猩振臂歡呼，興奮的把獸骨朝空中一拋，畫面變成慢動作，獸骨緩緩朝天際飛去，然而當獸骨落下時，跳接的畫面是一艘在太空中航行的太空船。

兩個場景之間，在距離上，地面與天空相距千萬里；在時間上，遠古和太空時代相隔了數千萬年。

兩個相距千萬里、千萬年的時空，導演巧妙的利用獸骨與太空船兩個外形都是細長的相似處，把它們有效連接了起來。

從高高落下的獸骨，到航行在太空中的太空船，一個「相似物轉場」的技巧，華麗的切換了時空。

《現代啟示錄》

我們再舉另一個例子，同樣是電影史上經典的例子，美國導演法蘭西斯・柯波拉（Francis Ford Coppola）於一九七九年拍攝的《現代啟示錄》。

簡單描述一下故事大綱：

西元一九六八年，美國越戰期間，特種部隊上尉韋勒，奉命前往越南叢林去暗殺一名叛逃的上校。上校在叢林深處佔地為王，他不只成立自己的軍隊，還被當地的土著當成神明膜拜。

好不容易來到叢林深處的上尉韋勒終於找到上校，然而在一連串的變態殺戮過程中，韋勒已經不知不覺變成另一個上校。故事結尾，韋勒不只殺死上校，還取代了上校，成為叢林裡新任的神明。

簡單一句話說完，這個故事講的就是最初打擊惡魔的英雄，卻因為過程中的恐懼、權力，而開始腐化，最後卻變成自己原本要消滅的惡魔。

這部電影裡的「相似物轉場」如下：

小旅館裡，電話突然響起，長官要上尉韋勒立刻銷假，去執行一個暗殺任務。感冒再加上艱鉅的任務，讓少尉頭痛得不得了。他無奈的望著頭上不停轉呀轉的老舊電風扇，隨後跳接下一個畫面，直升機的螺旋槳轟隆隆轉呀轉，鏡頭往下帶，少尉著好軍裝，坐上直升機，準備深入叢林執行暗殺任務了。

有沒有注意到，電影利用兩個「相似物」（轉動的電風扇和直升機螺旋槳），就把兩場不相干的戲流暢的連結起來了，觀眾甚至沒察覺到時間的流逝——現實人生中，少尉從掛上電話到坐上直升機，可能還發生了從床上彈起、穿上軍服、買感冒藥、坐車回部隊……最後才坐上直升機。

電影巧妙的運用了一個「相似物轉場」的技巧，從小旅館裡的電風扇，到叢林上空的直升機螺旋槳，就有效、迅速，大步推進了情節。

現在我們已經很清楚電影裡的「相似物轉場」，在說故事上可以幫我們達成兩個重要的效果：

一、**華麗的切換時空**

二、**迅速的推進情節**

以上兩點，雖然有相當程度上的重疊，但在本質上是不一樣的。《二〇〇一太空漫遊》的時間、空間，天差地別；至於《現代啟示錄》的時間、空間雖然不同，但基本上它們在同一條軸線上，轉場的目的不是為了時空轉換。刪去不重要的枝節，才是它的重點。

〈人魚公主〉倒敘法

現在我們利用「相似物轉場」，重說一遍安徒生〈人魚公主〉的故事。

〈人魚公主〉第二個敘事法：結局↓目標

原本的靶心人公式中，「結局」是第七個步驟，而「目標」是第一個步驟。而現在我們利用相似物「氣泡」來做轉場：

故事來到終點，當美人魚的眼淚掉了下來，她把刀子往大海一丟，美人魚變成了氣泡。

氣泡一直往上飛、往上飛，飛進了刺眼的太陽裡。這時，觀眾的眼睛一黑，啵啵啵……我們聽見氣泡破掉的聲音，美人魚死了？但為什麼不是一聲，而是連續好幾聲？

眼睛再張開，不是一顆氣泡，而是一連好幾顆氣泡，不停的往上升，啵啵啵……這不是被太陽刺破的氣泡，而是從海底升上來的氣泡，誰在製造氣泡呢？是住在海底的美人魚，她不斷吐著氣泡。看著不斷上升的氣泡，她嘆了一口氣說：「真羨慕這些氣泡，它們可以到海面上，去看看這個遼闊的世界。」

緊接著，突然傳來求救聲，海面上的王子發生船難。海底下的美人魚顧不得大人的禁令，立刻游到海面上救王子，美人魚對王子一見鍾情。

就這樣，美人魚變成死亡氣泡之後，卻接上最初美人魚吐出的希望氣泡；一個是結局，一個是目標，兩者距離十萬八千里，卻能有效利用「相似物轉場」這個技巧，讓劇情起化學變化，開始細說重頭……

〈人魚公主〉第三個敘事法：意外↓努力

〈人魚公主〉故事變化的第三個例子是，從「意外」跳接到「努力」。原本的「意外」是第五個步驟，而「努力」是第三個步驟。

這次我們利用來轉場的相似物是「水晶球」：

有一天，王子回家時，開心的對美人魚說：「我終於找到當初在海面上救我的女人了，那個人就是……」

聽到這裡時，美人魚非常興奮，還以為王子終於記起來是美人魚救了他。但沒想到王子居然說，當初在海面上救他的女人是……隔壁鄰國的公主，他決定要跟公主結婚。美人魚聽了，心都碎了……

緊接著，轉場畫面出現了。「美人魚從極度興奮，轉為無比心碎」的畫面，隨後出現在巫婆的水晶球裡。

原來巫婆利用水晶球，早一步看到了美人魚未來的遭遇。看著水晶球裡美人魚失落的表情，巫婆重重嘆了口氣，然後說：「傻孩子。」

隨後，叩叩叩，敲門聲響起，門一打開，進來的正是美人魚，這時候的她還有著人魚的尾巴，她還不知自己的未來會怎樣，此刻的她一心想要一雙人類的腳，但由於觀眾已預先看到美人魚的結局，所以美人魚越真誠的向巫婆請求，觀眾就越感到心痛。

利用水晶球這個相似物，我們把第五個步驟「意外」和第三個步驟「努力」，完美的連結起來了，而且讓觀眾產生了完全不同的情緒感受。

我們以〈人魚公主〉為例，一共舉了三種說故事的方法：

第一種，從最令人感到懸疑的地方開始說起：美女刺客為什麼要殺王子？

第二種，從結局的地方開始說起，然後再細說從頭：美人魚為什麼會變成泡沫？

前面兩種說故事的方法，在敘事張力的營造上非常有效，因此經常被使用在電影、電視等戲劇類型的節目上。

第三種，則相對比較少見，但它所營造出來的驚喜程度，完全不輸前兩種。這證明了只要能夠找到像「水晶球」這麼精準又巧妙的相似物來轉場，**故**

事不管從哪裡開始，下一個步驟怎麼接，都能夠說出一個讓人耳目一新的精彩故事。

現在你被說服了嗎？將靶心人公式的七個步驟任意排列之後，一共可以得出五千零四十種說故事的方法。

接下來最後一個例子，不再用天馬行空的童話故事，而是用扎扎實實的人生歷程——賈伯斯的真實故事。

重看一次賈伯斯

如果需要複習一下賈伯斯的人生故事，可以參考第二課。但要重述賈伯斯的人生故事，該從哪裡開始好呢？

嗯，就用從「意外」跳接到「努力」，比較少見的第三種好了。這次我們利用相似物「咬了一口的蘋果」（蘋果公司的商標）來轉場。

賈伯斯離開蘋果後，不僅自己成立了電腦軟體公司，還從《星際大戰》導演喬治・盧卡斯手上收購了「皮克斯」動畫工作室。

這一天，當賈伯斯從充滿歡笑聲的電影院走出來時，他知道皮克斯的動畫電影《天外奇蹟》也成功了。

這是繼《玩具總動員》、《海底總動員》之後，再一次成功。賈伯斯選擇在電影還沒結束前，走出電影院，原本是想避開追著他採訪的影劇記者，但沒想到反倒遇到了他更不想見的人——把他趕出蘋果的高層。現在他們回過頭來，想找賈伯斯回蘋果。

如今的蘋果，經營陷入困境，市佔率跌到慘不忍睹的百分之四，一年虧損十億美元。市場傳得沸沸揚揚，如果沒有奇蹟發生，蘋果撐不了九十天。

賈伯斯在前面跑，蘋果高層在後面追，一不小心，賈伯斯撞倒了水果攤，一顆顆蘋果掉落下來。其中有一顆蘋果，滾得特別遠，它像賈伯斯一樣，也在躲避眾人追趕似的，一路滾啊滾的……

滾啊滾的蘋果，突然被一隻憑空伸出的手攔了下來，這隻手把蘋果撿了起來，然後咬了一口。

咬了一口蘋果的人是年輕時的史蒂芬．沃茲尼克，他是賈伯斯的朋友，他們倆在自家車庫成立了一家電腦公司，現在正在為剛成立的公司取名字。

「叫什麼名字好呢？」年輕的賈伯斯已經苦惱老半天了。

看著沃茲尼克一邊設計電腦，一邊咬著蘋果，卡滋卡滋的，賈伯斯突然有了靈感：

「蘋果！就叫蘋果如何？」

這一年賈伯斯才二十一歲，他和朋友史蒂芬．沃茲尼克在自家車庫，成立了蘋果公司。

隨時隨地，三分鐘說一個完整的故事，已經夠令人羨慕了。如果同一個故事，還可以像萬花筒般變幻出五千零四十種說法，那麼你絕對有資格宣稱自己是天才。

以上，就是我經常宣稱自己是天才的原因。

現在你已經知道，那些看起來厲害到不行的說故事方法，其實都有竅門，而且你也已經摸清楚這些竅門了。所以我再也不能在你面前自稱天才了嗎？

不，這門課還沒來到終點呢。還有更厲害的說故事方法，我還沒端出來，所以啊，在你面前的我，依然是個天才。

重點筆記

- 當情節不是依照時間順序發展，這時就需要利用「轉場」的技巧，把前後兩個不相干的時空或場景，巧妙的連接起來。
- 最適合拿來說故事的轉場方式——相似物轉場。

第 9 課

用故事來逆轉勝

巧妙運用轉場故事，

可以讓你從負面處境跳轉向上，

從極度的劣勢，變成極度的優勢。

只要三個步驟，你也可以學會這樣說。

上一堂課，我們提到了「轉場」。簡單來說就是讓兩個時空情境差異很大的場景，平滑順暢的轉換過去，讓觀眾在不知不覺中，從A場景來到B場景。

而這一堂課，我們要用類似的手法，將負向的、挫敗的、人人指責的場景，漂亮的轉一個彎，最後變成正向的、成功的、人人鼓掌的場景。

用一句簡單的話來說，就是「敗部復活，逆轉勝」。

敗部復活的親身經歷

關於「逆轉勝」，我有個非常威的故事。

曾經有家台灣資本額前三大的企業找我去演講，主題是「故事的力量」。對方顯然事先做了一些功課，除了知道我擅於教人家說故事之外，連我的小毛病，他們也瞭若指掌。

電話那頭的祕書第一次跟我聯絡的時候，就告誡我：「許老師，我們做了一些調查，知道你個人有遲到的毛病。對你而言，這或許是個小毛病，但對我們公司而言，這是十惡不赦的罪過。」

沒錯，她用了「十惡不赦」這個詞。

祕書隨後還舉了兩個例子：一、這間公司早上八點上班，但她的老闆每天都提早一個小時，也就是早上七點就到了。二、當年台灣發生一場大地震，死傷慘重。地震當時是凌晨兩點多，在沒有人通知的情況下，全公司的人凌晨四點就全部集合完畢。

祕書的意思是，他們公司一向以鐵的紀律聞名，遲到是十惡不赦的大忌。

祕書苦口婆心的警告，我聽是聽進去了，但狗改不了吃屎。演講那天，天不時、地不利、人不和，除了我個人習慣性的小遲到之外，很不幸的剛好遇上大雨，交通阻塞，所以我硬是遲到了一個多小時。三個小時的演講，只剩下一個半小時。

在公司門口等了我老半天的祕書，看到我終於出現的時候，露出巨大的痛苦表情，她說：「許老師，我不是再三警告過你嗎？什麼事都可以發生，就是不能遲到。今天這場演講已經毀了，等一下你進去也不用道歉了。你進去之後，自己找個台階下吧，我救不了你。」

不，我一點都不想找台階下，我的目標只有一個，那就是照原計畫——演講、演講、演講。唯有透過演講，把我的長處表現出來，我才有機會逆轉勝。

隨後，祕書帶著我，一邊往公司裡走，一邊嚷嚷著：「唉，許老師，我被你害死了。」

從門口到演講廳，大約三十秒的路程。我必須在三十秒之內，找到一個合適的「轉場」故事，把眼前的絕對劣勢逆轉過來。

三十秒開始倒數，二十九、二十八……

先讓我們把時間，按下暫停。

在找到合適的轉場故事之前，我腦中閃過好幾個關於轉場的故事。這些轉場故事大體分成兩大類，一種是可以輕鬆以對的，一種是必須嚴肅面對的。

先來講兩個可以輕鬆以對的轉場故事。

輕鬆以對的轉場

英國首相邱吉爾（Winston Churchill）某次公開演講時，台下有個不以為然的聽眾，聽到一半就突然走上前，突兀的打斷演講，然後把一張紙條交給邱吉爾之後，就轉身離開了。

邱吉爾打開紙條一看，上面寫著大大的兩個字「笨蛋」。很顯然的，是反對邱吉爾言論的人士。

這時的邱吉爾可以爆跳如雷的衝上前去跟對方理論；或者完全不理會，假裝沒這回事，但心中生著悶氣，繼續演講下去。但邱吉爾採取了另一種方式來應對，他轉了一個漂亮的場。

邱吉爾把紙條上的「笨蛋」秀給台下的觀眾看，當觀眾還在為眼前的場面感到尷尬時，邱吉爾說：「唉呀，這位觀眾來去匆匆的，丟下紙條就走了，很顯然有急事要忙，但他只寫下自己的名字，卻忘了寫內容了。」

邱吉爾臨機應變，幽默的把罵自己的「笨蛋」，巧妙的變成對方的名字。

台下的觀眾聽了，瞬間哄堂大笑，尷尬立刻化解，原本落居下風的邱吉爾立刻佔了上風。

邱吉爾一個漂亮的轉場，完成了兩件事：

一、把笨蛋之名，還給了對方。

二、贏得在場所有人的掌聲和敬佩。

千萬不要小看這個故事，它最厲害的地方是讓邱吉爾名傳千古，甚至比他帶領英國戰勝德國，以及作品《第二次世界大戰回憶錄》獲得諾貝爾文學獎這些重要的偉大事蹟，流傳得更久遠。

好東西就要立刻學起來，因為隨時可能用得到。例如後來的英國首相威爾遜（Harold Wilson），他在某次演講時，台下有人搗亂，高聲打斷他的話，並且大叫：「狗屎、垃圾！」

這時，威爾遜如果原封不動，直接複製邱吉爾的幽默，就會變成：「這位狗屎先生，你想表達的是什麼？」

乍聽之下，這樣的回應很爆笑，但你很可能會因此而激化了衝突，讓場面因你的一句話而失控。

不要一對一去挑釁他（他就是不甩你，才會當面嗆你），而是適度的轉移焦點，利用多對一（也就是群眾的力量）去壓制他。

當時，威爾遜是這樣回應的，他不慌不忙的說：「這位先生，稍安勿躁，關於你提到的『環保問題』，我們等一下就會講到。」

非常不衛生的髒話「狗屎、垃圾」，居然被威爾遜輕輕一轉，變成了非常衛生的環保問題。全場觀眾聽了，都為威爾遜的機智鼓掌，這時罵威爾遜的人，也因為自討無趣，再加上無力對抗所有的人，只好閉嘴了。

說完可以輕鬆以對的故事之後，我們來講一講必須嚴肅面對的故事。

嚴肅以對的轉場

底下的例子來自微軟的創辦人比爾．蓋茲，他的對手不是上面故事裡名不見經傳的小角色，而是蘋果的賈伯斯，那個擅長現實扭曲力場，口才一流的賈伯斯。哇哇哇，這個難度實在太高了。

西元一九八三年，比爾・蓋茲的微軟公司宣布將推出「視窗作業系統（Windows 1.0）」。這件事引起蘋果賈伯斯的巨大憤怒，原因是當年的微軟幫蘋果的麥金塔電腦開發軟體，但後來卻自行研發出和蘋果的「圖形介面」類似的產品。因此，賈伯斯認為比爾・蓋茲偷了蘋果公司的東西。

賈伯斯要他的下屬把「那個小偷」比爾・蓋茲叫到蘋果，準備興師問罪。比爾・蓋茲大可以逃避，但他沒有，他不只單槍匹馬赴會，還在蘋果員工的層層包圍之下，一個人單獨面對憤怒的賈伯斯。

氣炸的賈伯斯指著比爾・蓋茲的鼻子咒罵：「我那麼信任你，你卻偷走我們的東西！」

比爾・蓋茲沒有憤怒以對，也沒有反唇相譏，而是用非常理性的口吻說：「史帝夫，我理解你的憤怒，但我們可以換另一個角度來看這個問題……」

隨後，比爾・蓋茲說出了科技界最經典的反駁：「我覺得現在的情況更接近這樣——我們都有個有錢的鄰居，叫全錄（Xerox）。我闖進他們家準備偷電視的時候，發現你已經把它……偷走了。」

比爾．蓋茲並沒有否認自己偷東西，只是他認為自己是從全錄那兒偷來的，而不是從蘋果那裡。而且他的意思其實是：「表面上是我偷走了你的東西，然而實際上，這個東西也是你偷來的。」

全錄是最早的個人電腦原型之一，只是一九八一年開發出來的「圖形介面」電腦「全錄之星」，銷售不佳。但賈伯斯卻看好圖形介面的未來，兩年後，也就是一九八三年，他在「全錄之星」後面推出了圖形介面作業系統 Lisa OS（Lisa 是賈伯斯女兒的名字）。

因此，同年十一月，當比爾．蓋茲宣布將推出「圖形介面」的 Windows 作業系統時，賈伯斯才會那麼生氣。

現在，我們要把比爾．蓋茲的話再重複一遍，因為它是科技界最經典的反駁，後來很多人學比爾．蓋茲，來作為被指控「抄襲」時的反駁。

要學就要學得好

我剛才說過，好東西就要立刻學起來，因為隨時可能用得到。但學得好、學不好，就是另外一回事了。

二〇一一年，蘋果控告三星的平板電腦 Galaxy 在外觀和風格設計上，抄襲了蘋果的 iPad，並提出禁止三星銷售的要求。

這項指控發生效用了，歐盟禁止三星在荷蘭以外的所有歐盟國家出售 Galaxy Tab 10.1 平板電腦。為了反擊，三星必須找到比蘋果的 iPad 更早出現的先前技術，好證明蘋果的 iPad 不是原創。

以剛才提過的比爾．蓋茲為例，就是找到比蘋果更早使用圖形介面的人或產品。最後，三星終於找到了，並且把它提交給美國法院，作為反駁蘋果的指控。只是三星舉證的例子很特別，它不是其他科技公司的相關產品，而是一部科幻電影。

這部電影就是之前我們提過《二〇〇一太空漫遊》。

電影裡有個畫面，兩位太空人一邊吃著早餐，一邊看著類似平板電腦的裝置。電影裡的裝置確實與現在的平板電腦非常相像，都是長方形、大螢幕、平面、輕薄設計。只不過，電影裡的裝置只能看，不能用手指觸控操作。

在專利訴訟的長河裡，從科幻電影裡找證據，三星算是開了歷史的先河。至於最後的結果，法院駁回了三星這個奇妙的舉證。

一九八三年，微軟的比爾．蓋茲對憤怒的賈伯斯說出來的反駁，簡直就像一把鋒利的刀子，直直刺進賈伯斯的心臟。至於二十八年後，二〇一一年三星對蘋果的反駁，卻帶著濃濃的……荒謬感。

故事轉場的威力

說完上面幾個轉場的故事，現在讓我們回到最初的故事——我被邀請到某大企業演講，主題是「故事的力量」，然而三小時的演講，我卻遲到了一個半小時。現在我必須在三十秒內找到解決的方案，否則會被掃地出門，並且成為該企業的黑名單，永不錄用。

三十秒，夠了，已經比英國首相邱吉爾和威爾遜多太多了。

一進演講廳，看到臉臭到不行的大老闆和他的員工，我搶在他們說話前先聲奪人。我說：

各位，我今天之所以遲到，是因為碰到了一件不可思議的事。這件不可思議的事跟你們公司有關，跟老闆你有關，跟錢有關……但在講這件不可思議的事之前，我必須先講個小故事。

故事是這樣的……有個老實的工程師某天接到一通電話，對方是個貴婦，她說你們的火車離我們家太近了，我每天都被火車吵得睡不著覺，所以你們必須負起責任。

工程師調查了一下，心想：不會吧，火車距離貴婦家，最近的距離是十公里，怎麼可能會吵到睡不著覺？

貴婦說：「不管，你來我家實際體驗一下，就知道有多吵了。」

工程師沒有辦法，只好去了貴婦家。實際體驗的結果，工程師說：「完全沒有聲音啊。」

貴婦一臉不高興的說：「你怎麼那麼遲鈍啊，我每晚躺在床上，都被火車震得睡不著覺，你躺到我床上去試看看，就知道震動得有多嚴重了。」

工程師沒辦法，只好爬上貴婦的床，靜靜等火車經過。

等著、等著，貴婦不見了。

等著、等著，貴婦的老公回來了。

貴婦的老公一看到老婆床上有個陌生的男人，整個腦袋冒火，惱怒極了，他氣沖沖的問：「你是誰？在我老婆床上幹什麼？」

當工程師正要回答時，貴婦從浴室走出來，很明顯的，她剛才去洗澡了。貴婦的老公一看到老婆從浴室走了出來，身上還滴著水，簡直氣炸了。他憤怒的質問工程師：「你到底在我老婆床上幹什麼？」

工程師嚇壞了，但他是個老實人，只會實話實說，於是他支支吾吾的說：「我我我在你老婆床上等等等……火車經過。」

「在我老婆床上等火車經過？」

「沒錯，在你老婆床上等火車經過。」

如果你是貴婦的老公，你會相信眼前這個陌生男人的話嗎？

底下的大老闆和他的員工們一邊笑，一邊搖頭。

「沒錯，沒有人會相信這麼奇怪的話。那……這個故事究竟要告訴我們什麼？」我問底下的大老闆。

大老闆搖搖頭。

我說：「這個故事告訴我們，不管事情看起來多麼不可思議，它都有可能是……真的。」

我接著問：「你們認同這句話嗎？」

大老闆和他的員工們都點頭了。

「很好，既然你們認同這句話，那麼現在我要告訴你們，我之所以遲到的原因。原因是……我在來的路上，被外星人綁架了。」

被外星人綁架？有人瞬間愣住，有人當場噗嗤笑了出來……

我繼續說：「外星人告訴我兩個祕密，這兩個祕密跟錢有關，跟大老闆你有關，跟你們公司有關。但現在我不能告訴你們這兩個祕密，必須等到我演講完之後，才能告訴你們。」

然後，不管大家的反應，我就自顧自的開始了今天的演講。

一個多小時過去，我講完當天的主題「故事的力量」了。

演講完，我知道我過關了，大老闆的氣早就消了，他現在只剩下好奇，他很好奇外星人到底對我說了什麼祕密。

演講結束，我開始收拾東西，準備走人，大老闆急忙叫住我：「許老師，先別走，你還沒說外星人到底對你說了什麼？」

一整個演講過程中，大老闆的心一直懸著，他被我一開始說的「跟錢有關、跟公司有關、跟他有關的外星人祕密」牽著走。

我笑了笑，對大老闆說：「外星人對我說啊，遲到就必須道歉。對不起，我遲到了。外星人還說啊，遲到就必須付出代價，所以我們今天的演講，不收費。」說完，我繼續收拾東西，瀟灑的走出演講廳。

一出演講廳，祕書立刻從後頭追了上來。

祕書氣喘吁吁的說：「我們老闆說，他很想給你演講費，但你說得沒錯，遲到必須付出代價，所以這次就不給你錢了。但他覺得你講得太好了，因此他希望你再來三次。」

隨後，祕書拿出一個信封袋給我，她說：「這是預約之後三次演講的錢，先給你。記住，不要再遲到了喔。」

哇哇哇，我的遲到不只沒有得到懲罰，反而意外獲得三倍的演講費。

故事還沒結束。後面三次的演講結束後，祕書又從後面追了上來，她說：「我們老大一直猶豫著要不要把第一次的演講費還給你，但他左想右想，還是覺得如果還你錢，那就太沒有原則了。於是他最後決定，送你一個『束脩』。」

所謂束脩就是肉乾，是古時候學生給老師的學費。祕書給我一個信封袋，裡面是……兩次的演講費。

一個「不管事情看起來多麼不可思議，它都有可能是真的」的轉場故事，幫我從負面處境巧妙的轉了場，從極度的劣勢，變成極度的優勢。

故事轉場不只幫我避開了「永不錄用」的臭名，相反的，它還為我掙得了五倍的演講費。

不只如此，後來這家公司就經常找我去演講，辦活動，並且一直合作到現在。這個因為遲到而冒出來的故事，強而有力的證明了當天我的演講主題：**故事的力量**。

而這個「被外星人綁架」的故事，只要透過三個步驟，你也可以說出來。

步驟一：先說故事——工程師在貴婦床上等火車經過。

步驟二：偷換概念——不管事情看起來多不可思議，都有可能是真的。

步驟三：真正的話——利用「被外星人綁架」這個「不可思議，但有可能是真的」故事，帶出真正想說的是「遲到要道歉」和「遲到必須付出代價」。

三個步驟，就這麼簡單！相信以你現在的程度，肯定可以學得會。

然而，接下來這步最艱難：認真相信，並且加以實踐！

重點筆記

- 只要透過三個步驟，你也可以說出來逆轉勝的故事：

步驟一：先說故事

步驟二：偷換概念

步驟三：真正的話

- 最艱難卻重要的一步：認真相信，並且加以實踐！

第 10 課

史上第二厲害的故事

智慧的故事很多，
先用理性和感性一步一步把故事慢慢墊高，
當高到不能再高時，
最後用「智慧」來統合、收尾的那種故事，
就是我認為「史上第二厲害的故事」。

課程開始之前，我們先來看兩個標題。

第一個標題：歷史上最聰明的天才排行榜，發明「相對論」的愛因斯坦只排名第九。

第二個標題：中國五千年，十大軍師排名榜，諸葛亮只排名第四！

看完這兩個標題之後，你在想什麼？

你在想：歷史上超越愛因斯坦的其他天才到底是誰啊？

你在想：超越諸葛亮的軍師到底是誰啊？

同樣的道理，這一堂課叫「史上第二厲害的故事」，那麼史上最厲害的故事究竟是什麼啊？

正確答案是……你得等到下一堂課才知道，因為這一堂課，我們要先介紹「史上第二厲害的故事」。

〈寧靜祈禱文〉裡的智慧

年輕時，我最喜歡的一段話是一段祈禱文：

主啊，請賜給我平靜，讓我去接受那些不能改變的事。
主啊，請賜給我勇敢，讓我可以去改變那些可以改變的事。
主啊，最後請賜給我智慧，讓我可以去分辨這兩者之間的差別。

一九三四年，二次世界大戰期間，在那個最動盪的年代，美國著名神學家尼布爾（Niebuhr）寫下〈寧靜祈禱文〉，隨後傳遍全世界，變成二十世紀最著名，也最經典的祈禱文。這段〈寧靜祈禱文〉就是史上第二厲害的故事心法的最佳範本。

僅僅三句話，一層、一層、再一層的往上疊加。先是內在的平靜，然後是外在的勇敢，最後「智慧」這句話一出，立刻統合了前兩者，可以改變的事，和不能改變的事，也就是所有的事都被包含其中。一句話就讓整個人的內在宇宙全都燃燒、燦亮了起來。

這一堂故事課的主軸就是〈寧靜祈禱文〉裡的「智慧」。

智慧的故事很多，這一堂課要談的不是那種腦袋的燈泡突然一亮就冒出個好點子的小聰明，而是像這篇祈禱文一樣，先用理性和感性一步一步把故事慢慢墊高，當高到不能再高時，最後再用「智慧」來統合、收尾的那種故事。

這樣的故事，我把它稱之為「史上第二厲害的故事」。

舉個例子：美國知名導演史蒂芬・史匹柏（Steven Allan Spielberg）的經典名作《搶救雷恩大兵》（Saving Private Ryan）。

《搶救雷恩大兵》

二次世界大戰期間，美國有位母親的四個兒子都上了戰場，然而不幸的是，其中三個接連戰死於世界各地的戰場，這個可憐的母親將一次收到三封兒子的「死亡通知書」。

為了給這個可憐的母親留下最後一線希望，美國國防部希望派出八人小組來搶救最後一個兒子，四兄弟裡面的老么雷恩，這就是片名的由來。

擁有最後決定權的是三軍統帥馬歇爾將軍，然而他面臨了兩個力量的拉扯，一邊是感性的派兵援救，一邊是理性的反對救援。

站在感性一方的是個斷了一隻手臂的上校，他支持派兵救援，因為就是他把三封死亡通知書送到馬歇爾將軍那裡的。此外，他的斷臂也在向觀眾暗示，他是從戰場上撿回一命的人，能深刻理解戰爭的殘酷，是一個擁有同理心的代表人物。

至於站在理性一方的是個滿頭白髮的參謀，他反對派兵。當斷臂上校說小兒子空降到紐夫維附近，深入敵區時，白髮參謀立刻反駁：「我們不知道他空降到哪裡，據報一〇一部隊四分五散，空降到錯誤的地點，就算他沒死，也不知道在哪裡，很可能早已陣亡。要是我們派出搜救小組，他們得闖過德軍火力範圍，一定也會陣亡。」

滿頭白髮、實際年齡卻不老的參謀，看來是個用頭腦思考、理性判斷的人。他擅於分析，講的話非常有道理，卻不帶一絲感情。

一邊是理性的白髮參謀，一邊是感性的斷臂上校，他們都有各自的立場，也有各自的道理，馬歇爾將軍該怎麼決定呢？

此刻，馬歇爾將軍面臨了兩難的抉擇；然而抉擇並不是最難的，最難的是，該如何讓理性與感性兩方人馬都能被說服。這就需要智慧了。

馬歇爾將軍聽完雙方的分析之後，沒有直接下決定，而是回到自己的座位上，打開抽屜，拿出一本聖經，聖經裡夾著一封信。

為什麼把信夾在聖經裡？聖經講的是「信、望、愛」，而「愛」更是其中最重要的美德，因此這封夾在「愛」裡的信，正是將軍的信念。

馬歇爾將軍將信裡的內容唸給理性與感性的兩方聽：

「女士，陸軍部把麻省軍務局長的一封信轉交給我，您有五個兒子，都在戰場上壯烈犧牲，您受到這麼大的打擊，我再怎麼安慰也無濟於事，不過我必須在此向您致謝……」

唸到這裡，將軍放下信，但嘴邊沒有停，繼續往下唸。這代表什麼？代表他早就背下來了，永遠留在心底。什麼東西值得這樣背下來留在心底？答案是信念。

馬歇爾將軍繼續唸道：「他們是為了拯救共和國而死，希望天父能安撫您的悲痛，讓您留下愛子美好的記憶，以及他們為自由而戰的驕傲。——亞伯拉罕・林肯敬上」信的最後署名「林肯」。

哇哇哇，原來這封信是美國南北戰爭時，總統林肯寫給一位死了五個孩子的悲痛母親的信。

將軍的信一唸完，這時連最理性、堅決不派兵的白髮參謀都只能點頭，連他也被說服了。因為馬歇爾將軍的信念是——他不會讓這樣的悲劇再次發生。

將軍最後掃了一眼眾人，但這次不再問大家的意見，而是堅決的說：「那孩子還活著，派人去找到他，然後讓他遠離戰場。」

注意到了沒有，將軍用的是「肯定句」，不容眾人反駁的肯定句。

嚴格來說，「那孩子還活著」這句話明顯不合理，因為按照白髮參謀的說法，雷恩大兵生死未卜，但將軍卻肯定的說「那孩子還活著」。

如果要合理，將軍應該說：「那孩子可能活著、可能死去，但不管如何，去救他，讓他遠離戰場。」

有沒有察覺到？將軍的話一旦合理，力量全都消失了。因為唯有相信那個孩子還活著，他才有活下來的機會。

「那孩子還活著」這不合理的一句話，讓將軍不只有了威嚴，也同時有了信念。一封夾在聖經裡的信，再加上結尾亞伯拉罕林肯的署名，強而有力的塑造了將軍的堅強意志，以及愛的信念。

這種先說理性和感性，最後再用智慧來統合的故事，就是我認為世界上第二厲害的故事。

賽局理論

讓我們再來舉個例子，故事出自「賽局理論」。

所謂「賽局理論」，就是策略性思考，在互相影響的環境之中，設法找出最適合自己的行動。

故事是這樣的：

甲帶著一塊大餅出門，乙帶著兩塊大餅出門，半路上，素昧平生的兩人偶遇了。甲乙兩人相談甚歡，於是提議一起分享帶來的大餅，甲一個，乙兩個，合計三個。雖然乙比甲多一個，但因為大餅不值錢，所以沒人計較。

正要吃大餅時，第三個人，丙來了，甲乙兩人熱情的招待丙，請他一起吃大餅。還是那句老話，因為大餅不值錢嘛，所以沒人計較。

吃完大餅，三人正要分道揚鑣時，丙突然從口袋裡掏出六枚金幣。

丙說：「謝謝你們請我吃大餅，為了報答你們，我要送你們六枚金幣，至於怎麼分配，就由你們自己決定了！」說完之後，丙就走了。

這下子，麻煩來了，大餅不值錢，沒什麼好計較的，但金幣不一樣，差一枚就差很多。

甲興奮的說：「太好了，既然丙給了我們六枚金幣，那我們一人三枚分了它吧！」

乙搖搖頭，不以為然的說：「等等，不對，我貢獻了兩塊餅，而你才拿出一塊餅，按照比例分配，我應該得到四枚金幣才對，你只能得兩枚金幣。」

甲認為自己應該得到三枚金幣，但乙卻認為甲只能得到兩枚，就這樣，兩個人吵了起來。吵著、吵著，甚至還打了起來。

這時，有個路人經過，知道事情的原委之後，告訴甲乙兩人，前面村子裡有個智慧老人，該怎麼分配才對，你們去問那個老人，一定可以得到一個滿意的答案。

這時，甲自告奮勇，主動跳出來說他願意到前面村子去找智慧老人。非常巧，甲剛到村子口，就遇到了智慧老人。

智慧老人說：「其實我不是什麼智慧老人，我只是學過幾年數學，勉強算得上是個數學家。」

甲說：「不管你是智慧老人，還是數學家，都請幫我算一下，我應該得幾枚金幣？」

智慧老人說：「這很簡單，十秒鐘就可以算出來，答案對你很不利。」

甲說：「不利？你的意思是我只能獲得兩枚金幣。」

智慧老人搖搖頭：「不是兩枚，而是……一枚都沒有。」

甲驚呼：「什麼意思？你再說清楚一點。」

智慧老人說：「從數學家的角度來看，乙應該得到六枚金幣，而你一枚都沒有。」

甲驚呼：「我不相信，你亂說。」

智慧老人進一步解釋：「三個人吃三塊大餅，這代表你們三個人，一人吃了一塊大餅。從這個角度來看，你吃了自己的大餅，至於丙吃的，是乙的餅。所以乙應得六枚金幣，而你一枚都沒有。」

聽了智慧老人的說法之後，甲沮喪極了，因為智慧老人的話，確實有那麼一點道理。

「原來我連一枚金幣都不應該拿。」當甲垂頭喪氣，轉身準備回去時，智慧老人叫住他：「但剛才那個是數學家的算法，現在我要告訴你『智慧老人』的算法。」

「什麼？居然有兩種算法？」

「沒錯，有兩種算法。」智慧老人說，以前他還是個數學家的時候，他認真算出來的答案，總是讓人不開心，於是他轉換了另一種算法，從此人們皆大歡喜。後來，人們漸漸不叫他數學家，而是改叫他「智慧老人」。

「什麼算法，這麼神奇？快告訴我。」

智慧老人說：「你回去之後，告訴乙，你沒有見到智慧老人，你走到一半就發現自己錯了……」

甲回去之後，乙急忙問：「太好了，你見到智慧老人了吧！他怎麼說？」

甲說：「嗯，我並沒有見到智慧老人，我走到一半就發現自己錯了……」

「錯了？哪裡錯了？」乙問。

甲說：「走在半路上，我越想越覺得你說的對，我太貪心了。你出了兩塊餅，我才出了一塊，而我居然想跟你平分金幣。是我不好，就照你說的，你四枚金幣，我兩枚金幣。」

乙聽完甲的話，表情瞬間變得溫和了起來。

於是甲乙兩人重分金幣，甲兩枚，乙四枚。正要分道揚鑣的時候，乙突然叫住了甲。

甲說：「怎麼了？」

乙伸出握拳的手說：「這個給你。」

張開手掌，乙的手心裡是一枚金幣。

乙說：「我很少看到像你這麼老實的人，事實上，你說的也有道理，我們本來就說好要一起吃餅，所以理應一起分享金幣才對。」

甲聽了，一臉驚訝。驚訝的原因不是乙多給了他一枚金幣，而是乙的反應，完全被智慧老人料中了。

智慧老人告訴甲，你回去之後假裝沒見到我，然後退讓一步，說自己太貪心了，你願意照乙的分法來分配金幣。這時的你立刻從零枚金幣，變成至少擁有兩枚金幣。此外，因為你承認了自己貪心，所以也會引發乙覺得自己很貪心的連鎖反應，所以你很有機會，變成「坐二望三」。

從非理性的爭執開始，到數學家的理性計算，最後再到看穿人情世故的智慧，一層一層的往上疊，這就是史上第二厲害的故事類型。

第十三封情書

上一段提到「賽局理論」，故事裡的數學家是虛構的，現在我們說一個真正的數學家笛卡兒（René Descartes）的故事。

十七世紀，法國黑死病大流行，許多人從法國逃了出來，包括笛卡兒，他就是那個說出「我思故我在」的哲學家。笛卡兒不只是哲學家，同時也是個數學家，他在數學上最有名的成就是建立了直角座標系統。

從法國逃出來的笛卡兒，流落到了瑞典街頭。這一天，笛卡兒窩在街角，在地上出神的「作畫」，這時一群少女經過，她們嫌惡的叫了一聲「乞丐」就走了。

但其中有個少女留了下來，她蹲下來認真看著笛卡兒，因為他筆下的畫，一點也不像畫，更像是神祕的咒語。

笛卡兒畫得出神，女孩也看得出神。許久之後，女孩問：「你在做什麼？」

「創造宇宙。」

「宇宙？我寧願相信它是數學。」

少女跟其他女孩不一樣，她熱愛數學，遠勝於故事，或八卦。

「數學，你看得出來這是數學？」

「被我猜中了吧！」

「你只猜中了一半，我正在用數學創造宇宙，無邊無際的宇宙。」

女孩問：「怎麼可能？這幾行數字裝得下無邊無際的宇宙？」

說完，笛卡兒抬起頭看著女孩，反問她：「你的眼睛這麼小，為什麼裝得下我？」

當兩人的眼睛對上時，笛卡兒的眼睛有了女孩，女孩的眼睛有了笛卡兒。那一瞬間，兩個人居然同時無端的害羞了起來。

那一年，笛卡兒五十二歲，女孩十八歲。

隔天，神奇的事發生了，笛卡兒被請進皇宮，原來昨天的少女居然是瑞典的公主克莉絲汀，她請求父王讓笛卡兒教她數學，她想認識笛卡兒口中那個無邊無際的宇宙。

然而，比宇宙更神祕難解的是「愛」。因為數學，因為宇宙，五十二歲的笛卡兒和十八歲的公主克莉絲汀，戀愛了。

師生不倫戀傳出來之後，國王大怒，揚言要殺了笛卡兒。公主克莉絲汀反過來威脅國王說：「你可以殺了笛卡兒，但那一點意義都沒有，因為緊接著你會得到你女兒的屍體。」

公主以死為要脅，國王這才軟化。但死罪可免，活罪難逃，笛卡兒被趕回法國，那個黑死病橫行的國度，而公主則被國王軟禁了起來。

從此，笛卡兒只能寫情書，用紙和筆將最深重的愛從法國帶到瑞典。但是，所有情書全被國王攔劫走了。

比情書被劫走更不幸的是，笛卡兒染上了黑死病，生命來到終點。笛卡兒沒有時間了，他只剩下最後一封情書的機會，他必須突破國王這道關卡。幸好國王不夠聰明。笛卡兒寄出第十三封信，同時也是生命中最後一封情書。

信依舊被國王劫走，只是這次不太一樣，因為信上只有一組奇怪的密碼：

$$r=a(1-\sin\theta)$$

國王找來科學家，想瞭解這是什麼意思，但科學家的最終結論是，笛卡兒瘋了，因為瘋狂的愛，因為黑死病，因為快死了，所以他腦袋不清楚。

國王心想，讓女兒知道笛卡兒發瘋了，是個很划算的決定。於是他把信給了女兒。

公主看了信，什麼都沒說，就立刻關起門，開始用數學式在信紙上作畫，一如當初她在街角看到笛卡兒埋頭作畫一樣，她一點一滴破解只有她和笛卡兒知道的密碼。

公主一邊破解密碼，一邊回想起第一次看到笛卡兒的情景。

笛卡兒說：「我正在用數學創造宇宙，無邊無際的宇宙。」

女孩問：「怎麼可能？這幾行數字裝得下無邊無際的宇宙？」

最後，公主破解出來了，那是一幅「愛的心臟線」（圖見下頁）。

謎底揭曉的同時，笛卡兒死了，但他證明了愛可以裝進無邊無際的宇宙，像第十三封情書「愛的心臟線」，那裡面裝進了全部的笛卡兒。

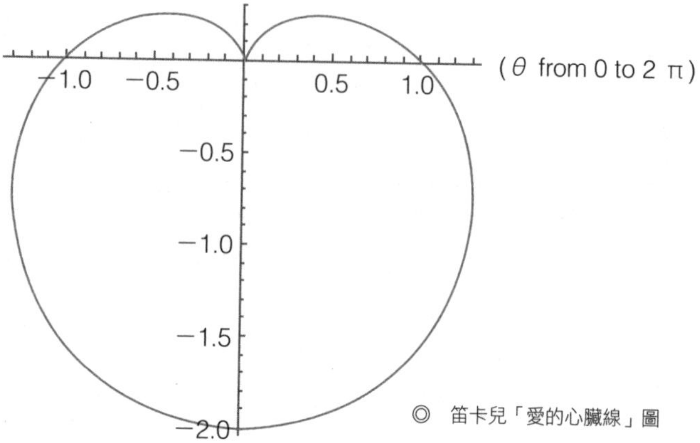

◎ 笛卡兒「愛的心臟線」圖

從理性的數學，到感性的愛情，最後利用數學式畫出愛情的曲線，這只有相愛的兩個人才能看穿的智慧，一層一層的往上疊，這也是史上第二厲害的故事類型。

曾經有個汽車品牌，在某雜誌上刊了一頁廣告，上面寫著：「這是世界上第二棒的車子，至於世界上最棒的車子在下一頁。」

好奇的讀者翻到下一頁，發現下一頁是……跨頁的空白。

也就是「世界上最棒的車子」不存在。讀者剛才看到的「世界上第二棒的車子」，其實就是世界上最棒的車子。

等等，你一定以為我在暗示你說，根本不存在「史上最厲害」的故事嗎？你啊，非常聰明，聰明得不得了。

答案是……下一堂課，為你揭曉。

重點筆記

- 史上第二厲害的故事心法：
  1. 從理性到感性
  2. 一層一層往上堆疊
  3. 最後再用智慧來統合

第 11 課

預言可能成真的故事

要說出一個預言成真的故事，
實在太難了。
但你可以試著說出一個
讓人充滿期待、永遠有無限「可能性」、
永遠在路上的故事。

看到「預言可能成真的故事」這標題時，我想一定有很多人失望透了。這一堂課不是應該進一步揭曉「史上最厲害的故事」嗎？

我知道你此刻的心情，但不用失望，因為「史上最厲害的故事」正是「預言可能成真的故事」。

「預言成真」的故事容易理解，就是字面上的意思，但加了「可能」之後，反而變得饒舌，不太容易理解了。

為什麼不直接寫「預言成真的故事」呢？因為，「預言成真的故事」雖然厲害，但加了「可能」之後，會變得更、厲、害。

正式進入主題之前，我們先來講兩個故事熱身一下。

「預言成真」VS.「幻想成真」

史上最有名的預言家，應該是十六世紀的法國預言家——諾斯特拉達姆士（Nostradamus）。他寫過一本奇書叫《百詩集》，書裡成功預言了許多重要的歷史事件。

有人幫他做了一個預言成真排行榜，一個一個唸出來，包準嚇死你：

預言成真第十名：法國大革命
預言成真第九名：倫敦大火案
預言成真第八名：戴安娜王妃之死
預言成真第七名：卡特里娜颶風
預言成真第六名：美國總統甘迺迪遇刺事件
預言成真第五名：巴斯德在醫學上的偉大成就
預言成真第四名：原子彈大爆炸
預言成真第三名：第二次世界大戰／希特勒
預言成真第二名：九一一恐怖攻擊

至於預言成真第一名則……先賣個關子。

我們先來講小說家「幻想成真」的故事。

故事的主人翁是之前提過的科幻小說之父——儒勒·凡爾納。他最有名的作品是《環遊世界八十天》。

包括愛因斯坦在內，許多科學家和發明家都曾經提及，他們的科學之路深受儒勒·凡爾納的小說影響。法國利奧台元帥甚至做了一個誇大的結論：「現代科學只不過是將儒勒·凡爾納小說裡的預言付諸實現而已。」

例如一八六五年，儒勒·凡爾納的小說《從地球到月球》中，創造了三位探險家，他們利用製作武器的專長，朝月球發射了一枚巨型炮彈。就這樣，炮彈變成飛船，載著三位探險家登上月球。這個令人印象深刻的小說畫面，在一百多年後成真，一九六九年美國太空船阿波羅十一號載著太空人阿姆斯壯、艾德林與柯林斯三人，衝出地球，人類第一次登陸月球。

再舉個例子，發表於一八六九年的小說《海底兩萬哩》，描述了海底出現一隻疑似「獨角鯨」的大海怪，生物學家應邀參與追捕海怪，最後發現這隻怪物原來是一艘名叫「鸚鵡螺號」的潛水船。幾十年後，幻想成真，現實世界出現了第一艘核子動力潛水艇，它的名字就叫「鸚鵡螺號」。這顯然是在向儒勒・凡爾納致敬。

除此之外，飛機、坦克、電視……等等的發明，都跟儒勒・凡爾納的想像有關，它們一步、一步改變了這個世界。

前面兩個故事，哪一個比較厲害？是預言家諾斯特拉達姆士，還是小說家儒勒・凡爾納？嗯，我知道他們不適合放在天平上一起比較，但我就是任性的要他們一較長短。

從表面上的戰績，諾斯特拉達姆士可能略勝一籌。但他們的故事都還沒結束，剛才只是第一回合，還有第二回合。

第二回合比一比

這次我們反過來，先從小說家儒勒・凡爾納開始講。

剛才舉的例子都屬於「預言成真」型的，代表的是「過去式」，但真正驚人的是「未來式」，那種正在一點一滴接近、未來極有可能成真的預言。

像是凡爾納在一八八九年的小說《地軸大翻轉》中提出一個瘋狂的點子：地球的主要熱源來自於太陽的照射，但由於地球自轉軸傾斜了二十三點五度，因此造成了太陽的直射和斜射，進而形成了地球各地氣溫的高低不同。例如太陽直射赤道，所以氣溫高，越往南北極走，太陽照射的角度越來越傾斜，因此氣溫越來越低，甚至終年結凍。

而《地軸大翻轉》這部小說裡的情節是這樣的：全球氣候大變遷，地球的溫度越來越高，眼看著世界末日即將降臨。為了拯救地球，人們試圖從地球發射一個超大的砲彈，利用砲彈發射時產生的後座力，來強烈撼動地球，進而改變地球自轉軸的傾斜角度。例如從傾斜二十三點五度，變成傾斜二十四點五度，僅僅一度之差，就足以改變地球的氣候。

哇哇哇，這也太瘋狂了吧，以前的人們覺得這實在是太扯了，完全不可能，但如今，它似乎正朝著我們逼近，我們現在越來越相信朝我們而來的世界末日，很可能就是《地軸大翻轉》這部小說裡提及的「全球氣候變遷」。

凡爾納那些「過去式」預言成真的小說，提供了一個巨大無比的想像。如果是別人寫的，那就是科學幻想，但是儒勒・凡爾納，這個被稱之為「幻想成真的小說家」寫的小說，讓我們一連倒抽了好幾口冷氣。它會繼續成真下去。

在這個全球氣候越來越異常的年代，在這個世界末日感不斷逼近的年代，儒勒・凡爾納的小說幻想，提供了科學家一個思索的角度：世界末日來臨，拯救地球的眾多選項裡，「改變地球自轉軸的傾斜角度」或許會從完全不可能，慢慢變成唯一的選項。

嘩，幻想成真的小說家，好厲害啊！沒錯，但有沒有察覺到加上「可能」之後，會變得更厲害，因為它讓我們有了身臨其境的切身感。

至於預言家諾斯特拉達姆士，他同樣有後續的故事。

在揭曉第一名的預言之前，我們先來檢驗一下，前面幾名的預言真的有成真嗎？例如「預言成真第四名」。

諾斯特拉達姆士《百詩集》裡，關於預言成真第四名「原子彈大爆炸」是這樣描述的：

門前，在兩座城市間
這會有前所未有的苦難降臨
饑荒伴隨著瘟疫，人們用鋼鐵滅火
向偉大的上帝哭訴期望得到救濟

鋼鐵滅火＝原子彈轟炸？呃，有人相信，有人不相信，不過這其實不是最重要的。重要的是，它提供了想說話的人們一個對號入座的機會。

至於《百詩集》裡，預言第一名是……「世界末日」，它跟前面九個在本質上完全不一樣，它屬於還沒成真的那一種。

預言第一名「世界末日」，在諾斯特拉達姆士《百詩集》裡是這樣描述：

一九九九年七月
為使安哥魯莫亞王復活
恐怖大王將從天而落

居時前後瑪爾斯將統治天下
說是為了讓人們獲得幸福生活

預言家諾斯特拉達姆士不小心犯了一個錯，他寫出「一九九九年七月」這麼明確的數字，使得它必須嚴格面對「成真」、「不成真」的檢驗。

結果呢？我們之所以還能在這裡討論這個問題，代表「世界末日」的預言沒有成真。一旦預言沒有成真，預言家的價值就瞬間暴跌，連帶前面提到的第十到第二名「預言成真」，都會被遭受巨大的質疑。

預言成真前九名的預言，被「世界末日」這一筆的失敗，完全抵銷了。

綜合上面兩個故事。我想你已經有一點點被說服了，**「史上最厲害的故事」正是「預言可能成真的故事」**。

只是上面的例子，還不足以讓你跪下來膜拜，所以我們得更進一步，舉個更有說服力的例子。

賽局理論的故事再發展

首先，讓我們來回憶一下之前提過的「賽局理論」的故事。

甲、乙、丙三人合吃三塊餅。其中，甲出了一塊，乙出了兩塊，為了感謝甲、乙兩人，丙給了他們六枚金幣。這時問題來了，甲乙該怎麼分配這六枚金幣呢？

最後，甲找上村子裡的智慧老人，智慧老人說，純粹從數學家的觀點，甲沒有資格拿任何金幣，但從世故的老人觀點，甲可以坐二望三。

然而故事還沒結束，因為甲臨走前，智慧老人補了這麼一段話：

「年輕時，我是個數學家，那時的我認為你只能得零枚金幣，隨著年紀越來越大，我轉型成了智慧老人，現在的我認為你可以獲得『坐二望三』枚金幣。但現在我又要轉型了，這次我將轉型為『預言家』，未來的你可以獲得的金幣數量是……難以估算。」

「預言家？難以估算？意思是……我會得到更多金幣嗎？」

「可能會，也可能不會。」

「等等，我聽不太懂。」

「你不需要聽懂，你只需要等待。等待『時間』帶來的禮物。」

甲完全聽不懂智慧老人的話，但他最後確實拿到三枚金幣，這已經讓他十分滿足了。

帶著金幣，甲回家了。時間悠悠流動，一年、兩年、三年、十年過去了，什麼事也沒發生。十二、十五、二十年也過去了，還是什麼事都沒發生。

這一天，甲在田地裡工作，甲的太太急忙忙跑來找他，因為有個陌生女人來找甲。

陌生女人問甲：「你還記得二十幾年前，曾和一個叫『乙』的人一起吃餅的事嗎？我就是乙的太太，前幾年，乙死了，但他請我一定要找到你，原因是這樣的……」

隨後，陌生女人說了一個不可思議的故事：

我的丈夫原本是個盜賊，二十幾年前的某一天，他剛搶了兩塊餅，隨後就遇見你，一起分餅吃。後來丙送了你們六枚金幣，最後因為你的退讓，而有了一個美好的結局。

我的丈夫被你的誠實善良感動，他原以為人天生都是自私的，沒想到居然有你這樣的人，於是當下決定拿三枚金幣去做生意，改邪歸正，不再當盜賊。後來，我先生成了大富翁。

這些年來，我先生一直在找你，他想報答你，但直到他死的那一刻，都沒找到你。

最後，他留下遺囑，把一半的財產給我，另一半則是要給你。不過有個但書，他說我必須找到你，否則我就拿不到那一半的財產。

乙的太太哭著說：「現在我終於找到你了……」

乙的太太的這一番話，讓甲想起了多年前智慧老人說過的那一番奇怪的話：「年輕時，我是個數學家，那時的我認為你只能得零枚金幣，隨著年紀越來越大，我轉型成了智慧老人，現在的我認為你可以獲得『坐二望三』枚金幣。但現在我又要轉型了，這次我將轉型成『預言家』，未來的你可以獲得的金幣數量是……難以估算。」

真的是……難以估算。難以估算的，還包括一個人的身分，他可以是數學家，也可以是智慧老人，最後居然還可以變成預言家。

以上就是史上最厲害的故事，也就是「可能會發生，也可能不會發生」的預言家式的故事。

讓人心心念念的故事

為什麼「預言可能成真的故事」會讓人心心念念，時不時就想起來？我們舉個著名的心理實驗，你就明白了。

實驗是這樣的：

兩個鳥籠，姑且稱之為一號鳥籠和二號鳥籠，現在各關進一隻鴿子。

兩隻鴿子在鳥籠裡走動時，都發現籠子裡有個意義不明的按鍵，可能是出於好奇，也可能是不小心，牠們都發現只要啄一下按鍵，就會掉下一顆飼料。再啄，再掉下一顆，吃完之後，再啄，再掉下一顆……這樣反覆十次之後，兩隻鴿子都被制約了。

第一次「制約」完成之後，要來更改按鍵的功能了。

一號鳥籠，停止按鍵的功能，也就是再怎麼啄，都不會掉下飼料了。

二號鳥籠，修改按鍵的功能，改成隨機掉飼料，有時啄兩下就掉下一顆，有時要啄七下，甚至啄十三、十九、二十八下，才會掉下一顆飼料。

現在，第二次「制約」完成。

一號鳥籠裡的鴿子反覆啄了幾次按鍵，統統失敗後，就會發現啄按鍵已經沒用了，所以牠很快就會放棄。

至於二號鳥籠裡的鴿子，因為被制約成隨機掉飼料，所以對按鍵永遠充滿期待，永遠不死心。

最後，當實驗取消了按鍵的功能，已經被制約的二號鴿子仍會不死心的一直啄、一直啄、一直啄，啄到滿嘴鮮血，啄到嘴巴都掉了下來，啄到筋疲力盡而死。

要說出一個預言成真的故事，實在太難了。但你可以學一學二號鴿子，試著說出一個讓人充滿期待、永遠有無限「可能性」、永遠在路上的故事。

重點筆記

- 史上最厲害的故事就是：
  1. 預言可能成真的故事。
  2. 可能會發生，也可能不會發生的預言家式故事。
  3. 一個讓人充滿期待、永遠有無限可能的故事。

第 12 課

三分鐘說十八萬個故事

從三分鐘說一個完整的故事，
來到三分鐘說五千零四十個故事，
這樣還不夠。
實實在在學會三十六種劇情模式，
用三分鐘，變化出十八萬個故事！

從故事的觀點，我應該要來揭開伏筆了。問題是……有伏筆嗎？當然有！

回憶一下第二課的「靶心人公式」，是用七個步驟、三分鐘說一個完整的故事。第七課則是「三分鐘說五千零四十個故事」，以「排列組合」的方法將靶心人的七個步驟，任意排列出五千零四十種說故事公式。

「五千零四十」這數字或許有點虛，因為重新排列組合並不會改變故事的本質，基本上還是同一個故事。

既然如此，接下來介紹的就是實實在在的——三十六種劇情模式。

三十六種劇情模式

十八世紀有個義大利劇作家卡洛·柯齊（Carlo Gozzi），他首先提出世界上的劇情共有三十六種，卻沒有提出任何證明，直到二十世紀，法國戲劇學者喬治·普羅第（Georges Polti）找來一千多部劇本、短篇小說、史詩一一核對，最後得到一個驚人的答案：**世界上所有的劇情，真的只有三十六種**。

因此，將「三分鐘說五千零四十個故事」乘上「三十六種劇情模式」，就會有——十八萬一千四百四十種！

只要利用這「三十六種劇情模式」，就能徹底改變原來的故事，而不只是重新排列組合而已。這裡先一一列出這三十六種劇情：

一、哀求請託

二、援救

三、復仇

四、親族間的報復

五、逃亡者的追捕

六、災禍

七、不幸的遭遇

八、反抗（革命）

九、壯舉（征服）

十、拐劫

十一、謎的解釋
十二、獲取
十三、骨肉仇恨
十四、骨肉競爭
十五、姦情殺害
十六、瘋狂
十七、因輕忽而招致損害
十八、不知而犯的戀愛罪惡
十九、無意中傷害自己所愛
二十、為了主義而犧牲自己
二十一、為了所愛（骨肉親人）犧牲自己
二十二、為愛情犧牲一切
二十三、有原因的犧牲所愛之人
二十四、兩種不均等的勢力鬥爭

二十五、奸通（外遇／偷情）

二十六、戀愛的罪惡

二十七、發現所愛之人有不名譽的事

二十八、戀愛發生阻礙

二十九、愛上自己的仇敵

三十、野心

三十一、人與神的鬥爭

三十二、錯誤的嫉妒

三十三、錯誤的判斷

三十四、悔恨

三十五、親族的重逢

三十六、失去所愛之人

以〈人魚公主〉為例，這故事從「三十六種劇情模式」的角度來看屬於哪一種呢？

答案是第二十二種：為愛情犧牲一切。

我們來細部分析一下這個故事就明白了。

第二十二種模式

「目標」階段

美人魚第一次見到王子時，她還未成年，而且是第一次見到人類。

你可以試著這樣想：還是個中學生的你，某天看到一隻人魚擱淺，偶然路過的你出手救了她，從此就義無反顧、瘋狂愛上人魚公主。

你覺得這樣的愛，可信度多少？不能說完全沒有，但是讓我們嚴苛一點，這樣的愛，在其他成年人的眼中，例如人魚公主的父親、母親眼中，可信度幾乎是零。

「努力」階段

美人魚向巫婆請求一雙人類的腳，巫婆前前後後一共提出三個嚴苛條件。巫婆先要美人魚拿她身上最珍貴的東西來換。美人魚最珍貴的是她的嗓子，她的歌聲非常優美。最後她用聲音換來了一雙人類的腳，但也意味著她將從此變成啞巴。

如果是你，你願意嗎？你願意拿身上最珍貴的東西來換人魚的尾巴，好讓你有機會去海裡生活，並因此接近人魚公主嗎？注意喔，是接近而已，不是擄獲芳心。

我個人是不願意啦。但美人魚呢，她答應了巫婆的第一個嚴苛條件。嗯，願意拿最珍貴的東西來換，美人魚對王子的愛，從完全沒有可信度，上升到百分之三十。

緊接著是第二個嚴苛條件。巫婆說，這雙腳會有一些麻煩，因為它不是你天生的腳，所以走起路來會痛如刀割，根本不會想走路。但美人魚還是點了頭，為了愛，她願意忍受身體一輩子的痛苦。

如果是你，你願意嗎？每擺動一下尾巴就痛如刀割，但為了接近人魚公主，你願意忍受一輩子身體的病痛折磨嗎？

我個人是不願意啦。但美人魚呢，她答應了巫婆的第二個嚴苛條件。

嗯，願意承受一輩子身體的痛苦的美人魚，她對王子的愛，從百分之三十的可信度上升到百分之五十。

最後是第三個嚴苛條件。

巫婆說，事情沒這麼簡單，這個交換魔法有副作用，萬一你最後沒跟王子在一起，你就會變成泡沫，最後「啵」一聲，破掉，死掉。你願意換嗎？

如果是我，絕對、絕對、絕對不願意，因為代價實在太高了。但美人魚還是點頭了，為了愛，她願意承擔死亡的風險。

嗯，願意承擔死亡風險的美人魚，她對王子的愛，從百分之五十的可信度，上升到百分之七十。

「轉彎」階段

眼看王子就要跟別人結婚了，美人魚即將變成泡沫，「啵」一聲，破掉，死掉。

美人魚的姐姐去向巫婆求情，並向巫婆求來一把刀子。巫婆說：「如果你妹妹想活下來，就必須用這把刀子，刺向王子的心臟。」意思就是……不是美人魚死，就是王子死，這對美人魚來說是個超級兩難的抉擇。

因此，在一個夜黑風高的晚上，美人魚穿過層層警衛來到王子面前。此時的王子正在熟睡中，美人魚看著她深愛的人這張臉，然後把刀子高高舉起，此時她臉上的表情劇烈變化，全身顫抖，因為實在太難了，會把人搞瘋的那種兩難。最後，比美人魚手上的刀子更早落下來的是……美人魚的眼淚。

伴隨著眼淚掉下來，美人魚把手上的刀子丟向大海。

這代表了什麼？代表美人魚不忍心殺害王子，她寧願犧牲自己的生命。

嘩，此時就算再嚴苛的人，對於美人魚的愛，也絕對不會有一絲一毫的懷疑了。當美人魚真的變成泡沫那一刻，讀者深深的相信，她對王子的愛是扎扎實實的百分之百，所以她寧願犧牲一切來交換，包括她最寶貴的生命。

安徒生這個編劇出身的童話大王，在情節的安排上，非常有計畫的一步一步建立了美人魚在讀者心中對愛的可信度。然後在愛的可信度來到百分之百時，犧牲了自己的生命。

安徒生精準的完成第二十二個劇情模式：為了愛情犧牲一切。

從義無反顧的天真，美人魚愛的可信度從零開始，到失去聲音的百分之三十，再到一輩子痛苦的百分之五十，一直到死亡威脅的百分之七十，最後安徒生把情節推到最高潮的犧牲生命的百分之百。

當美人魚選擇了死亡，把她對王子的愛的可信度推高到百分之百時，這時候「三十六種劇情模式」中的第二十二個「為了愛情犧牲一切」，也就跟著完成了。

用劇情模式說故事

我為了方便在課堂上做練習，並且實驗它的可能性，將一年分成十二個月，每個月又分成上、中、下三旬，所以一年可以分成三十六個時段。三十六個時段對應三十六種劇情模式。

也就是說，一月上旬出生的人，可以用劇情模式一練習說故事；一月中旬出生的人，練習劇情模式二；一月下旬出生的人，用劇情模式三……依此類推，十二月上旬出生的人，劇情模式三十四；十二月中旬出生的人，劇情模式三十五；十二月下旬出生的人，劇情模式三十六。

隨便舉個例子，如果你是六月二十一日夏至這一天出生，那麼你的劇情模式就是十八：不知而犯的戀愛罪惡。

現在，我們就試著用這個「不知而犯的戀愛罪惡」來說故事。

模式十八：不知而犯的戀愛罪惡

金庸的小說《天龍八部》中，有個非常經典的橋段，是關於主人翁段譽的身世之謎。

男主角段譽是個帥哥，他的爸爸段正淳也是個帥哥，遺傳嘛。

至於個性部分，段譽是個深情的男孩，他的爸爸段正淳是個花心大蘿蔔。這也還好，段譽遺傳自母親不行嗎？

還有，段譽出場時，身邊時不時就出現美麗的女孩。這不稀奇，蝴蝶繞著花兒轉，是天經地義的事。

然而正是以上三件讓讀者覺得再正常不過的事，埋下了後面的伏筆，讓故事有了戲劇性的發展。

隨著故事慢慢展開，讀者慢慢發現所有和段譽有關係的漂亮女孩，全都是——他的妹妹。從率性霸氣的木婉清，到喬峰的紅粉知己阿朱和阿紫，再到天真爛漫的鍾靈，以及段譽深深痴戀的神仙姐姐王語嫣，她們全都是段譽的親姐姐或親妹妹。

然而以上只是段譽碰巧遇到的漂亮女孩，一輩子沒遇到的姐姐妹妹至少是這人數的百倍、千倍，多到後來段譽每每看到漂亮女孩，就會懷疑那該不會是自己的姐姐妹妹吧？

既然不能在一起，那就別在一起啊！事情沒這麼簡單，段譽最最最愛的女孩叫「王語嫣」，她可是段譽用盡心力追來的。

原本王語嫣對段譽完全沒感覺，她一心一意只愛壞胚子表哥慕容復。段譽歷盡了千波萬折，王語嫣才終於把視線轉向他，眼看有情人就要終成眷屬，但這時突然殺出程咬金——段譽最心愛的女孩居然是自己的親妹妹。

故事還沒結束，段譽與王語嫣的兄妹血緣關係讓人大感「意外」，讀者們為此感到心痛萬分。因為段譽求愛的過程，讀者全看在眼裡，當讀者被兩人的感情說服，並且開始掏心掏肺祝福他們時，居然發生了這種意外。

但「意外」之後，就是「轉彎」了。轉彎處是什麼？王語嫣居然……既是段譽的親妹妹，但也不是。

原來，當年段譽的母親刀白鳳為了報復花心大蘿蔔丈夫段正淳，於是故意作賤自己，隨便跟路邊一個骯髒乞丐發生關係，因此懷上了段譽。好慘啊！

所以，段譽並不是段正淳的兒子！這就表示，段譽和神仙姐姐王語嫣還是可以在一起。

模式十八簡化版

如果你現在還搞不清楚什麼叫「不知而犯的戀愛罪惡」，我們可以再舉個在網路上流傳的小故事，其實就是《天龍八部》的簡化版。

有個小男孩愛上了隔壁的鄰居大姐姐，爸爸知道後，氣得從他的頭用力敲下去，然後說：「不可以愛那個大姐姐，因為她是……你的親姐姐。」

過了好一陣子，情傷復原之後，小男孩轉而愛上了隔壁的鄰居小妹妹，爸爸知道後，又氣得從他的頭用力敲下去，然後說：「不可以愛那個小妹妹，因為她是你的……親妹妹。」

這也不能愛，那也不能愛，小男孩難過得哭了起來。

媽媽聽到小男孩的哭聲，趕來問明原因之後，溫柔的摸摸小男孩的頭說：

「勇敢去追那個大姐姐，勇敢去愛那位小妹妹。」

小男孩驚訝的看著媽媽。「可是……爸爸說她們是我的親姐姐和親妹妹。」

媽媽說：「不用擔心，因為你不是你爸親生的。」

以劇情模式改寫故事

現在，我們再試著以劇情模式十八「不知而犯的戀愛罪惡」來改寫〈人魚公主〉，並且用《天龍八部》裡的段譽和王語嫣作為參考座標。

故事就從〈人魚公主〉的靶心人公式第五個步驟「意外」來改寫。

「意外」階段

當美人魚和王子情投意合，準備結婚時，她發現王子的背上有一個退化不完全的魚鰭。

這讓美人魚有不好的預感，因為她曾有個弟弟，但從小就失蹤了。當美人魚向巫婆求證時，巫婆承認王子確實是美人魚的弟弟，這一切都是她布的局。

當年美人魚的父親始亂終棄，害她變成如今這副人人害怕的巫婆模樣，因此她告訴自己，她的後半輩子就是為了復仇而活。

巫婆說，她的第一次復仇，是把美人魚父親的獨生子帶到岸上去，讓他們父子倆永遠見不到面。但美人魚的出現卻是偶然的，老天爺給了她第二次復仇的好機會，於是她順勢給了美人魚一雙腳，讓她上岸「亂倫」。

讓姊弟亂倫，是我連想都想不出來的超完美復仇劇碼。

「轉彎」階段

現在美人魚有兩個選擇，一個是不結婚，因為是王子是自己的親弟弟，但如此一來，美人魚就會變成泡沫而死。第二個是結婚，美人魚就會因為亂倫讓所有人蒙羞，並害自己眾叛親離。

最後，極度痛苦的狀態下，美人魚選擇了「不結婚」，變成泡沫而死。

最後「結局」

當美人魚即將變成泡沫時，美人魚的父親出現了，他痛苦萬分的告訴巫婆，美人魚是巫婆的親生女兒。

當年，巫婆大著肚子準備輕生時，是他及時把她肚子裡的嬰兒救了回來。而如今巫婆居然轉了個大彎，陰錯陽差不小心害死了自己的女兒。

此時，巫婆再多的眼淚和懺悔，還是救不了自己的女兒。

現在的你，會使用「三十六種劇情模式」了嗎？

當然還不會，因為你現在只理解了「為了愛情而犧牲一切」，以及「不知而犯的戀愛罪惡」這兩種劇情。

不用擔心，我在最後的「附錄」會一一補充並舉例說明，讓你徹底明白「三十六種劇情模式」，真的扎扎實實學會「三分鐘說十八萬個故事」。

重點筆記

- 將「五千零四十」個故事，乘上「三十六」種劇情模式，可以有十八萬一千四百四十種故事！
- 只要利用三十六種劇情模式，就能徹底改變原來的故事。

第 13 課

相信自己是天才

帶著迷惘，勇敢的踏上旅程，
這樣你才會有故事。
當你有了故事之後，記得要補上個人的信念。
有了信念，人們才會認同你，
一旦別人認同了你，
你就成功塑造出一個品牌——你自己。

學會一門技術，最有效的方法是「實際動手」做一遍。

說故事也一樣，講一百遍賈伯斯和李安的故事，遠遠比不上說一遍你自己的故事。

看完這本書，學會十八萬種說故事的方法，目的就只有一個：**希望每個人都可以說出自己的故事**。

所以最後一課，我們就來說一說「自己的故事」。

說自己的故事

自己的故事？

「等等，我還沒有人生目標啊啊啊……」有人哀號。**大部分的人就是被「等等」和「沒有目標」毀掉的**。

不用怕，我的人生，最初也沒有目標。沒有目標還是必須硬著頭皮往前走，否則就真的永遠沒有故事了。

最後這一課就是要教你「沒有目標」的靶心人公式。

靶心人公式一共有七個步驟，其中最重要的是「目標」，以一部機器來比擬，目標就是發動機。

目標分兩種，積極和消極。積極的目標，例如「對殺父仇人展開報仇」，「報仇」這目標非常具體，行動很容易展開。但如果是消極的目標，例如「我想逃避父母對我的期許」，「逃避」這個目標過於抽象，行動相對難以展開。

所以一般戲劇裡的主人翁大多擁有「積極的目標」，但現實人生，正好相反，一般人「消極的目標」多一些。舉我自己為例，人生最初的目標只是想「逃離理工」。

沒有積極的目標，靶心人公式可以展開嗎？

當然可以，請跟著我走一遍。

許榮哲的靶心人公式

一、目標

當年的我，就讀台大理工研究所，正在寫一篇關於「水庫操作」的碩士論文。對此，我完全沒有興趣，我的目標是「逃離」理工研究所。

但這只是最初的表面目標，而不是真正的心底目標。

至於真正的心底目標是什麼，當時的我完全不知道，但我還是得出發，即使只是表面、暫時、代替性的目標，也一定要出發。

唯有出發了，真正的目標才會慢慢探出頭來。

二、阻礙

當時的我沒有任何興趣，也沒有特別的專長，完全不知道該逃往何處，所以只能不斷的到處看一看、撞一撞。

我上過救國團的所有才藝課，吉他、電子琴、漫畫……，甚至連剪紙都學過，你就知道我有多迷惘了。

迷惘，很重要。

只要帶著迷惘到處去碰撞，兩年之內，必能走出迷惘。

相反的，如果人生沒有迷惘，最後將一輩子迷惘。

三、努力

偶然間，我看到台視編劇班的招生廣告，心想或許自己可以跟偶像吳念真一樣，從編劇開始，然後變成導演，最後變成名人。

於是我報名了台視編劇班，展開了一邊寫論文，一邊寫劇本的旅程。

四、結果

我的劇本作業得到編劇老師的讚賞，他甚至稱我為「編劇界的天才」。

從此，我的天平開始傾斜，我拋下一切，跟著編劇老師寫劇本，一心一意朝編劇之路邁進，完完全全丟棄了理工的本業。

整整兩年的時光，我滿懷壯志寫出來的劇本，一連十幾次，全部都以失敗收場。

五、意外

心灰意冷之下，我把被丟到垃圾桶的劇本改編成小說，拿去參加小說比賽，沒想到第一次就得獎。從此，我拋下劇本，改寫小說。

有心栽花花不開，無心插柳柳成蔭，這句話是真的！

意外的，我的小說之路一帆風順，接連獲得大獎。得獎作品刊登在報紙副刊之後，又被出版社相中，隨後集結出版了第一本書《迷藏》。因為《迷藏》一書，還意外成了網路小說家九把刀的文學獎啟蒙偶像。

六、轉彎

小說屢屢獲獎、集結出書、成為九把刀的偶像之後，我決定以「小說創作」為主業，副業則是到處演講「教別人寫小說」。

人算不如天算，小說出版之後，反應平平，反倒是教人寫小說這個副業十分受歡迎，甚至出成專書《小說課》，而且一連出了三本。

有心栽花花不開，無心插柳柳成蔭。天啊，這句話真的是真的！

《小說課》這套書出版之後，如野火燎原，瘋狂大賣，在海峽兩岸都引起旋風，我因而被大陸最紅自媒體「羅輯思維」譽為「最適合中國人的故事入門教練」。

七、結局

一連三本叫好又叫座的《小說課》之後，又趁勢推出這兩本《故事課》。如今的我，被譽為「華語世界首席故事教練」。

從逃離理工，到華語世界首席故事教練，在沒有明確目標的二十年碰撞人生裡，我學會最重要的一件事，不是「有心栽花花不開，無心插柳柳成蔭」，而是「**每個巧合都足以改變世界，但比起巧合更重要的是『抓住巧合』**」。

如何抓住巧合？

我的方法是：相信自己是天才，比真的天才更重要！

不管你表面上看起來多魯蛇（你會比最初的李安還魯蛇嗎？），這個世界上必然有那麼一個地方，你會被稱為天才。

出發，去找到它——你的天才之地。

我的目標一直在變：

逃離理工（消極）↓編劇（過場）↓小說（過場）↓故事教練（積極）

你的呢？

永遠不要擔心自己沒有目標，就像戲劇裡常出現的豪門貴公子，初登場時，他心中的目標僅僅只是「不想成為企業接班人」，必須等到某一天，他吹著口哨嘻嘻哈哈回到家，卻發現滿地的鮮血，父母死了，公司倒閉，貴公子變成窮光蛋，心中的積極目標才會熊熊燃燒起來。

所以啊，帶著迷惘，勇敢的踏上旅程，這樣你才會有故事。

當你有了故事之後，記得最後再補上個人的信念。

我的信念是——

相信自己是天才

比真的天才更重要

有了故事，人們會記住你；但有了信念，人們才會認同你。

一旦別人認同了你，你就成功塑造出一個品牌「我」。

有了「我」這個品牌之後，日後的每一件事，都會變得簡單許多。

我叫許榮哲，我是天才，那是我家的事。

你是天才，你叫什麼名字，這才是最重要的事。

重點筆記

- 講一百遍賈伯斯和李安的故事，比不上說一遍你自己的故事。
- 學會十八萬種說故事的方法，目的只有一個：希望每個人都可以說出自己的故事。

附錄
三十六種劇情模式資料庫

世界上所有的劇情一共三十六種，底下我將它們一一列出，並舉一個精彩的故事作為範例。當你擁有三十六種劇情的故事資料庫之後，「故事之王」就非你莫屬了！

一、哀求請託

以電影《我不是潘金蓮》為例。

農婦李雪蓮和丈夫為了多分一份房產，搞了個假離婚，沒想到最後弄假成真。假離婚期間，丈夫跟另一個女人結婚。為了討回公道，李雪蓮反遭丈夫諷刺她是蕩婦潘金蓮。

為此，農婦李雪蓮展開了長達十幾年的上訪，從地方告到中央，一層一層的往上提告，也就是古代的攔轎喊冤，告御狀。

難道真的只因前夫罵她潘金蓮，就氣得一連告了十幾年嗎？當然不是，如果純粹只是這樣，那就太傻了。事實上，李雪蓮的內心還有一個更深的傷害，這裡我們就不說了，你去看電影就知道。

二、援救

以電影《搶救雷恩大兵》為例。

二次世界大戰期間，雷恩家一共四兄弟，其中三個死於世界各地戰場。他們的母親將在同一天收到三個兒子的死訊。

出於人道考量，美國三軍統帥馬歇爾將軍，下令派出一支八人小組，冒著生命的危險，深入德國重軍區，搶救雷恩太太的最後一個希望——生死未卜的小兒子，雷恩大兵。

三、復仇

以電影《慕尼黑》為例，它是一部改編自真實故事的傳記電影。

一九七二年，德國慕尼黑奧運會，十一位以色列奧運選手慘遭巴勒斯坦恐怖份子殺害。隨後，以色列情報局找上一名年輕愛國的情報局幹員艾夫納，由他帶領四位成員，拋家棄子，放棄身分，進行一項名為「上帝之怒」的祕密行動：目標是獵殺十一名慕尼黑屠殺事件的幕後主謀。

四、親族間的報復

以電影《投名狀》為例。

先解釋一下何謂「投名狀」。「投名狀」本是「頭名狀」，典故出自《水滸傳》。八十萬禁軍教頭林沖被逼得走投無路，轉而投靠梁山盜賊時，被要求殺一個外人，砍下他的人頭，立下契約，保證日後彼此忠誠，互不背叛。簡單來講，就是進黑道的申請書。

電影《投名狀》的故事背景發生在一八六〇年代，當時太平天國竄起，天下大亂。亂世之中，老大龐青雲、老二趙二虎、老三姜午陽，為表忠誠，互不背叛，於是各殺了一名路人，立「投名狀」，結為異姓兄弟。隨後三人加入清軍，立下戰功，老大龐青雲獲慈禧太后賞賜，官至兩江總督。

然而，一紙「投名狀」抵不過愛情與權力的雙重糾葛，最後三兄弟反目成仇。先是老大為了政治利益，暗殺老二。隨後老三替老二報仇，暗殺老大。暗殺成功之後，老三被捕，遭凌遲處死。

五、逃亡者的追捕

以電影《火線追緝令》為例。

摩根佛里曼和布萊德彼特飾演的老少警探聯手緝兇，兇手是一名神祕歹徒，他以「七宗罪」為名犯下連續殺人案。所謂七宗罪出自「聖經」，指的是人有七種原罪：驕傲、憤怒、妒忌、不貞潔、貪食、懶惰、貪婪。

老少警探必須趕在兇手犯案前阻止他，然而令人意想不到的是，最後一樁殺人案的死者是歹徒本身……

六、災禍

以電影《明天過後》為例。

這是一部科幻災難片，內容描述全球氣候變遷。

異常的氣候，引發了全球性的災難，暴風雨、海嘯、冰風暴，一連串的災難接連發生。全球氣溫急速下降，到處冰天雪地，地球正式進入將造成人類大滅絕的「冰河時期」。

七、不幸的遭遇

以電影《鐵達尼號》為例。

故事改編自真實的船難事件，一九一二年，號稱「永遠不沉」的超級郵輪鐵達尼號第一次出航，就因為撞到冰山而沉沒，超過一千五百人葬身大海，是二十世紀死傷最慘重的船難事件。

這起真實的災難事件，交織進虛構的戀愛故事。自由的窮小子傑克與被禮教約束的富家女蘿絲，兩人攜手衝破階級的限制展開自由戀愛。而故事最後，鐵達尼號沉沒，傑克為了救蘿絲而死。重生後的蘿絲從此打開了心房，不再受禮教約束，開啟了日後為自己而活的生命旅程。

八、反抗（革命）

以電影《末路狂花》為例。

泰瑪和露易絲，兩個百無聊賴的中年婦女，為了逃脫無聊的生活日常，於是相約來個週末小旅行。然而，看起來再平凡不過的泰瑪和露易絲，其實各有一段不愉快的經驗。泰瑪有個大男人主義的老公，什麼都不許她做，至於露易絲則曾遭到男人的強暴，無處申冤。

兩個活在男人陰影裡的女人，原本只是相約來一趟公路之旅，然而卻發生了意外。泰瑪差點被酒吧認識的男人強暴，制止不成反遭羞辱的露易絲，被勾起痛苦的回憶，一怒之下，開槍殺了強暴犯，隨後兩人展開了一場驚心動魄的公路逃亡之旅……

兩人漫長的逃亡旅程都環扣著同一個主題：對抗各種父權的宰制。

九、壯舉（征服）

以小說《環遊世界八十天》為例。

主人翁霍格跟朋友打賭，他要在八十天之內環遊世界一周，雙方並以全部財產作為賭注。

霍格用盡各種方法追趕時間，例如冒著生命危險乘坐大象抄捷徑走進死亡叢林，乘坐火車強行飛越底下是滾滾江河的斷橋……，好幾次都差點喪命。

結果環遊世界一周回到英國倫敦，一共花了八十天又五分鐘，輸掉了比賽。然而令人意想不到的是……根據出發地英國倫敦的日期顯示，霍格只花了七十九天又五分鐘。

結局之所以大逆轉，是因為地球「自轉」的緣故，造成了各地時間不一，形成了所謂的「時差」。所以當霍格往東走，繞地球一圈，所花費的天數就會減少一天。最後，霍格不只贏得比賽，還因為好心腸，抱得美人歸。

十、拐劫

以電影《綁票通緝令》為例。

主人翁湯姆慕蘭是個事業成功、家庭美滿的億萬富翁。然而事業的成功，卻為他帶來了不幸：他的獨生子遭歹徒綁架，歹徒要求兩百萬贖金。

雖然背後有聯邦調查局操刀營救，但搶救計畫一個接著一個失敗，因為綁票案的首腦正是聯邦調查局的探員之一。

隨著時間一點一滴的流失，個性永不放棄的湯姆最後決定自己跳進來，跟歹徒正面迎戰。他甚至上電視，把原本要付給歹徒的兩百萬贖金，拿來當作懸賞歹徒人頭的獎金。

大膽的正面迎戰，激怒了歹徒，讓湯姆陷入更艱難的處境：他的兒子更危險、他的妻子更受折磨……但戲劇也因此更好看。

十一、謎的解釋

以電影《貧民百萬富翁》為例。

賈默，一個來自貧民窟、沒受過什麼教育、工作是倒水的「電話服務員助手」的大男孩，參加益智問答節目「百萬富翁」。看起來一點勝算都沒有的他，卻出乎意料，一連答對十二題，贏走鉅額獎金。故事就在不斷追問賈默究竟是怎麼辦到的過程中展開。

原來賈默想藉由參加這個火紅得不得了、全印度都在收看的電視節目，找到他的初戀情人。

十二、獲取

以電影《國家寶藏》為例。

三千多年前，一筆古埃及時代留下來的鉅額寶藏，意外成了美國獨立建國的「國安基金」，然而兩百多年過去了，如今這筆「國家寶藏」下落不明。

主人翁班傑明是個熱愛考古的冒險家，他從爺爺口中得知「國家寶藏」確實存在，而且他的家族曾經被授與保護「國家寶藏」的任務。在班傑明的追查下，赫然發現「國家寶藏」就藏在美國「獨立宣言」裡。唯有拿到「獨立宣言」，這一份記載著美國建國精神的文章，才能破解密碼，找到「國家寶藏」。

為了阻止歹徒偷走「獨立宣言」，班傑明通知聯邦調查局，卻沒受到任何重視。百般無奈之下，班傑明只好反過頭來自己出馬，比歹徒早一步偷走「獨立宣言」，以保護「國家寶藏」不落入歹徒之手。

十三、骨肉仇恨

以電影《菊豆》為例。

故事發在染房裡，悲劇則發生在染池裡。染房的主人叫楊金山，是個患了不育症的性變態，為了延續香火，他接連買了兩個姑娘，但都被他折磨至死。直到買了第三個姑娘菊豆，才為他生下一個男孩叫天白。

然而前面說過了，楊金山患了不育症，所以天白並不是他的兒子，而是染房裡的長工，楊金山的侄子楊天青與菊豆私通生下的孩子。

當楊金山知道天白不是他的兒子時，雖然起了把他推下染池溺死的念頭，但最終還是不忍心殺害這個一開口就叫他爹的孩子。諷刺的是，半身不遂的楊金山在與天白玩耍的過程中，反而意外跌進染池溺死了。

隨後，天白就在外人的閒言閒語裡長大，大家都說他爸爸不是楊金山，而是楊天青。雖然這是事實，但聽在天白耳裡卻非常難堪。即使後來天白知道誰是他真正的父親，但出於仇恨，他先把親生父親趕出染房，最後甚至把他推下染池害他溺死。

十四、骨肉競爭

以唐代歷史「玄武門之變」為例。

唐太宗李世民是中國歷史上有名的明君，在位二十三年，年號貞觀，在他的治理下，國家來到空前的繁榮，他開創了後世著名的「貞觀之治」。但光明的「貞觀之治」背後，卻有一個黑暗的「玄武門之變」。

唐朝的開國皇帝叫李淵，他是李世民的爸爸。當初李淵是在次子李世民的謀略與支持下，在太原起兵反隋，進而平定天下，建立唐朝。他曾答應李世民，事成之後，將立他為太子，但最後卻反悔了，改立長子李建成為太子。

李淵給了二兒子皇帝夢，卻給了大兒子太子權，這種下了可怕的禍端。為了鞏固太子地位，長子李建成聯合四弟李元吉，與次子李世民展開對抗，彼此之間的猜忌越來越深。

最後，我們看到的是：秦王李世民在長安玄武門附近射殺皇太子李建成、四弟齊王李元吉，史稱「玄武門之變」。但這究竟是為了自保而先發制人，還是覬覦皇位而骨肉相殘？誰是誰非，眾說紛云，至今仍是個解不開的謎。

十五、姦情殺害

以電影《羅生門》為例。

竹叢中發生了一起兇殺案，死者是一名武士。檢查官找來七名關係人問案，從眾人的供詞，可以拼湊出如下的面貌：武士夫妻路過山林，盜賊見色起意，於是編了一個理由（山裡藏著寶藏）把武士騙到竹叢中，然後將其制伏，綁在樹下，隨後在武士面前玷汙了他的老婆……

故事走到這裡，大致上沒什麼問題，然而後半部的供詞卻疑點重重，最大的關鍵在於三個人居然都搶著說是自己殺死武士。

盜賊說自己是在英勇的決鬥中（贏的人可以帶走武妻）殺死了武士；武士妻子說自己是因為不堪受辱想尋短（先殺丈夫再自殺，但最後自殺沒成）；武士則說是因為妻子最後決定跟盜賊在一起而悲憤自殺。

事實的真相究竟為何？觀眾得抽絲剝繭，自己找出來。

十六、瘋狂

以電影《奪魂鋸》為例。

故事發生在一間破敗的地下室裡，地上有一具躺在血泊裡的屍體，他的長相、身分都不明。屍體的兩頭，分別是亞當和戈登醫生，他們的一隻腳都被銬了起來。身邊各有一隻手鋸，不足以鋸開腳鐐，但足以鋸斷自己的腳。

亞當和戈登醫生不知道為什麼自己會被綁架到這裡來，他們唯一知道的是屍體手上有一架錄音機，裡面傳來綁架者的指令。綁架者是綽號「豎鋸」的精神分裂狂，他下令戈登醫生必須在六個小時之內殺死亞當，如果任務失敗，不僅兩個人都會死，戈登醫生的家人也會慘遭毒手。然而眼前唯一逃得出去的方法，似乎就是拿起地上的手鋸，瘋狂的把自己的腳鋸斷……

十七、因輕忽而招致損害

以小說《三國演義》裡的「大意失荊州」為例。

赤壁之戰後，荊州七郡被魏蜀吳三家瓜分，其中蜀國鎮守荊州三郡的是大將關羽。心高氣傲的關羽見魏軍無大將，於是揮軍攻打曹操的所在地許都。

關羽之所以那麼放心的攻打魏國，除了魏國無大將之外，原本在一旁虎視眈眈的東吳也出了狀況。他的大將呂蒙生了重病，目前由年輕且經驗值幾乎為零的陸遜暫代。哪裡知道這是陸遜的陰謀，他先勸呂蒙詐病，再送信給關羽，信中不斷灌他迷湯，一下說他英勇無敵，一下又說他天下無雙。

關羽看了信，一時被迷昏了頭，誤以為東吳的小鬼陸遜怕他，所以放心出兵攻打魏國。等到關羽發現中計，率兵趕回來的時候，已經來不及了，蜀國的戰略重地「荊州」，就這麼輕易的失守了。

更慘的是，趕回來的途中，關羽不幸遭到吳、魏兩國前後夾擊，兵敗逃到了麥城，最後被吳軍俘擄。關羽因為不願意投降，而被孫權殺了，結束了他傳奇的一生。

失去戰略重地荊州，折損大將關羽，「大意失荊州」比字面上的意思「因一時疏忽，造成重大損失」還要嚴重千百倍啊，因為它幾乎註定了原本還有機會一搏的三國爭霸賽裡，蜀國提前淘汰出局。

十八、不知而犯的戀愛罪惡

以小說《天龍八部》為例。

段譽是個深情男孩，他的爸爸段正淳則是個花心大蘿蔔。段譽出場時，身邊時不時就出現美麗的女孩。隨著故事慢慢展開，讀者慢慢發現所有跟段譽有關係的漂亮女孩，全部都是……他的妹妹。

段譽最愛的女孩叫王語嫣，原本王語嫣對段譽沒感覺，她一心一意只愛壞胚子表哥慕容復。段譽歷盡千波萬折，王語嫣才終於把視線轉向他，眼看有情人就要終成眷屬了，但這時段譽發現最心愛的女孩居然是自己的親妹妹。

當讀者被兩人的感情說服，並且開始掏心掏肺的祝福他們時，居然發生了這樣的意外。但「意外」之後就是「轉彎」。

原來，王語嫣既是段譽的親妹妹，但也不是……

十九、無意中傷害自己所愛

以古龍的小說《絕代雙驕》為例。

雙胞胎兄弟小魚兒和花無缺，一出生就被父母的仇敵拆散，仇敵並且設下計謀，要他們兄弟長大後自相殘殺。就這樣，兩兄弟被不同背景的人收養，長成完全不同性格的人。

小魚兒天生資質聰穎，但個性古靈精怪，因為被十大惡人收養，長大之後變成「整人專家」，然而實際上天性善良、個性純真。花無缺從小在移花宮長大，在宮主的刻意調教下，長成一位風度翩翩的貴公子。表面上溫文儒雅，處處為人著想，幾乎是個完人，然而實際上內心無比的空虛，充滿矛盾。

兩兄弟長大後被父母的仇敵誤導，成為仇人，屢屢進行生死決鬥。

二十、為了主義而犧牲自己

以法國的民族英雄「聖女貞德」的故事為例。

西元一三三七年爆發了英法百年戰爭，它是世界上最長的戰爭之一，長達一百一十六年。當時少女貞德帶領法國軍隊，對抗入侵的英軍，最後被捕，並遭到處決。

貞德原是一位農村少女，十六歲那年，自稱遇到「聖彌額爾」等三位天使，得到「上帝的啟示」，上帝要貞德帶兵收復被英國佔領的土地。幾經轉折，貞德真的得到兵權，並且帶領法國多次打敗英國，然而貞德最後卻以異端和女巫罪被判處火刑，當眾活活燒死。

二十幾年後，英法百年戰爭結束，法國獲得最後的勝利，貞德終於遭到平反，並在五百年後被梵蒂岡封為聖人。

二十一、為了所愛（骨肉親人）而犧牲自己

以元朝雜劇《趙氏孤兒》為例。

故事發生在戰國時代的晉國，奸臣屠岸賈陷害忠臣趙盾，趙家三百多人因而被滿門抄斬。當時趙盾的孫子趙武剛好出生，為了留下一線希望，趙家的門客程嬰偷偷把嬰兒帶走。

奸臣屠岸賈找不到嬰兒，於是放出消息，三天之內找不到趙家的後代，就要殺了全國的嬰兒。於是程嬰和友人公孫杵臼想了一個計謀，由程嬰去告發公孫杵臼，說趙家嬰兒藏在公孫杵臼那兒，最後公孫杵臼和嬰兒都被殺了，然而事實上，被殺的是程嬰自己的孩子。

為了救趙家的血脈，程嬰犧牲了自己的孩子。他還進一步扶養趙氏孤兒，並且設法讓屠岸賈成為孤兒的義父。

直到趙氏孤兒長大，背負一輩子罵名的程嬰，這才告訴孩子事實真相，繼而展開復仇行動，殺了仇人屠岸賈。

二十二、為愛情犧牲一切

以童話之父安徒生的〈人魚公主〉為例。

王子發生船難，美人魚救了王子，從此愛上王子。為了跟王子在一起，美人魚用「聲音」向巫婆換來了一雙腳。但這個交換會有副作用，萬一美人魚最後沒有「跟王子結婚」，那她會變成泡沫，啵一聲破掉，然後死去。

為了跟所愛的人在一起，美人魚不顧後果，但她最後並沒有跟王子在一起。臨死之前，美人魚的姐姐用頭髮向巫婆換來一把尖刀，巫婆說，只要美人魚肯用尖刀殺死王子，美人魚就可以活下來。

但最後，美人魚選擇犧牲自己的性命，成全王子。

就這樣，美人魚最後變成泡沫，啵一聲，破掉，死去。

二十三、有原因的犧牲所愛之人

以張愛玲的小說與李安的電影《色戒》為例。

女學生王佳芝被重慶國民政府的情報人員吸收，色誘汪精衛傀儡政權的情報頭子易先生。然而在父親與愛人的雙重背叛下，王佳芝的情感起了變化，她對深愛她的情報頭子有了複雜的情感。在最後關頭，眼看暗殺行動就要成功，王佳芝卻不小心動了真情，放走易先生。

易先生一逃走，立刻下令封街，反過頭來抓了王佳芝和她的同黨。最後，礙於情報頭子的敏感身分，易先生只能萬分痛苦的親自下令，殺了自己最心愛的女人。

二十四、兩種不均等的勢力鬥爭

以羅貫中的《三國演義》「赤壁之戰」為例。

東漢末年，曹操帶領著號稱八十萬大軍揮兵南下，意圖一統天下。占據荊州的劉琮投降後，曹操揮兵追擊劉備，迫於形勢，處於劣勢的劉備為了求生存，與江東的孫權結盟，組成聯軍。雖然是二打一，但曹操的實際兵力約二十二萬，劉備孫權聯軍才五萬人，雙方勢力懸殊。

但曹操不擅水戰，又先後中了周瑜的反間計，以及黃蓋的苦肉計，以至於最後被劉備孫權聯軍火燒連環船，差點全軍覆沒。最後，曹軍以大敗收場，退回北方的襄陽，反觀劉備則趁勢興起，這一戰奠定了三國鼎立的態勢。

赤壁之戰是三國最重要的一戰，同時也是中國歷史上，以少勝多，最著名的戰役之一。

「以寡敵眾」這樣的劇情之所以精彩，在於弱者為了求勝，就必須使出渾身解數，施展各種超越人類智慧極限的計謀，這樣的故事，自然異常好看。

二十五、奸通（外遇／偷情）

以電影《偷情》為例。

簡單來講，就是兩男兩女，一共四個人的組合，然後利用外遇、偷情的劇情模式，讓兩兩發生關係，原本共有六種組合，但扣掉男男戀、女女戀之後，共有四種組合。這部電影就利用這四種排列組合的男女關係，講了一個不斷外遇、偷情的愛情故事。

一開始，關係比較單純，純粹就是愛。男作家愛上脫衣舞孃，女攝影師和男醫生結婚。但後來純愛變質了，男作家劈腿女攝影師，為了報復，男醫生和脫衣舞孃在一起。最後，他們都想回到最初的愛：作家和攝影師分手，回頭找脫衣舞孃，但一切都已經回不去了。

二十六、戀愛的罪惡

以陳凱歌的電影《霸王別姬》為例。

故事發生在民國初年，兩位主角是戲班子裡的師兄弟。演「虞姬」的師弟，愛上了演「楚霸王」的師兄。歷史上的虞姬愛楚霸王，很合理；但回到現實世界，師弟愛上師兄，男男戀，那就內外衝突不斷了。

歷史上，楚霸王兵敗烏江，虞姬不肯離去，自刎而死。舞台上，師兄弟兩人歷經了文化大革命，最後心裡傷痕累累的師弟，同樣自刎而死。

二十七、發現所愛之人有不名譽的事

以電影《史密斯任務》為例。

表面上，史密斯夫婦是一對住在郊區的平凡夫妻，然而私底下，他們各自有一個不能說的祕密，那就是他們是分屬不同公司的頂尖殺手。

很不幸的，這兩家公司正好是死對頭；更不幸的是，某天這對夫妻分別接到一個任務：幹掉死對頭公司的王牌殺手。

當史密斯夫婦分頭各自去執行任務時，萬萬沒想到他們要殺的人居然是自己的另一半。出於好奇，這對夫妻決定拿錢辦事，但重點不是殺人，而是考驗枕邊人的能耐。

明的是枕邊甜言蜜語的丈夫對妻子，暗的是刀光劍影的殺手對殺手。簡單而有效的設定，就讓劇情高潮起伏，一場諜對諜的任務即將展開。

二十八、戀愛發生阻礙

以電影《暮光之城：無懼的愛》為例。

女孩貝拉和男孩愛德華相愛，但他們的戀愛出現了阻礙，因為他們是不同族類——人類和吸血鬼。

吸血鬼以吸食動物的血液維生，而且被他咬中的動物，也會變成吸血鬼。因此吸血鬼愛上人類，很像獅子愛上綿羊，當獅子的愛來到最高點時，就會有忍不住想吃羊的生理衝動。所以當獅子因為愛，控制不住的吻上綿羊時，根本難以分辨那是濃情蜜意，還是血腥吞噬。

二十九、愛上自己的仇敵

以莎士比亞的戲劇《羅密歐與茱麗葉》為例。

羅密歐與茱麗葉分別屬於蒙太古和卡帕萊特家族，然而這兩大家族是世仇，因此他們的戀情遭到很大的阻礙。不只如此，羅密歐還因為意外殺了茱麗葉的表哥而遭到流放。羅密歐和茱麗葉要在一起，難上加難。

故事最後，為了能跟羅密歐在一起，茱麗葉假裝服藥自殺，並請人傳訊息給羅密歐，相約私奔，然而訊息傳遞失敗，羅密歐誤以為茱麗葉真的死了，因而心碎的服毒自殺。當茱麗葉醒來，發現羅密歐死了，悲傷的茱麗葉，選擇跟著羅密歐而去，也自殺而死。

三十、野心

以莎士比亞四大悲劇之一《馬克白》為例。

馬克白和班柯兩位將軍擊退叛軍，來到一座樹叢時，迎面來了三個女巫。第一女巫叫馬克白「葛萊密斯爵爺」，第二個女巫叫馬克白「考特爵爺」，第三個女巫叫馬克白「未來的國王」。

隨後，三個女巫補充道，至於另一位將軍班柯不會當國王，但他的子孫會當國王。

當馬克白和班柯還搞不清楚狀況時，三個女巫突然消失，緊接著國王使者出現，帶來考特爵爺叛變被處死的消息。隨後，馬克白成了繼任的考特爵爺。

第二個女巫的預言居然成真，當馬克白把這件事告訴妻子之後，她立刻慫恿丈夫殺死國王，奪取王位。

如果馬克白毫無野心，那就沒事，但馬克白確實有野心，只不過他的野心是隱性的。但妻子的野心則是顯性的，顯性的野心召喚了隱性的野心，悲劇就這樣誕生了。

隨後，馬克白殺了國王，成功當上國王，第三個女巫的預言也成真。這讓馬克白深信最後一個預言「班柯的子孫會當國王」也會成真，於是為鞏固王位，馬克白展開一連串的殺戮……

三十一、人與神的鬥爭

以葛林的小說《愛情的盡頭》為例。

一對偷情男女，班德瑞克和莎拉。某次幽會時，班德瑞克被空襲炸彈砸中，當場受了重傷，沒了呼吸。莎拉哀痛不已，本能的向上帝禱告，如果祂能讓情夫起死回生，她願意從此離開他。沒想到禱告完，班德瑞克居然緩緩甦醒，莎拉既高興又痛苦，最後她遵守諾言，離開情夫。

對於莎拉的刻意疏遠，班德瑞克完全摸不著頭緒，沒多久莎拉就因傷寒而死。從莎拉留下來的日記，班德瑞克理解了事情的來龍去脈之後，從此正式向上帝宣戰。

什麼是上帝？在這裡，上帝就是「命運」的代名詞。就像我們正在討論的劇情模式「人與神的鬥爭」一樣，其實指的就是人與命運的鬥爭。

三十二、錯誤的嫉妒

以莎士比亞四大悲劇之一《奧賽羅》為例。

奧賽羅是威尼斯的大將軍，他愛上了元老的女兒黛緹，黛緹也喜歡奧賽羅，但他們兩人的愛並不被祝福，因為他們的膚色不同，奧賽羅是個黑人。奧賽羅非常沒有自信，同時也對黛緹的愛充滿了不信任感。

沒有自信是悲劇的源頭，但引爆點是奧賽羅提拔自己的朋友卡西歐為副官，此舉惹怒了老軍官以阿苟。

為了報復奧賽羅的私心，老軍官以阿苟設下計謀，讓卡西歐和奧賽羅的妻子親密互動，隨後趁機在奧賽羅面前挑撥離間。

沒有自信的奧賽羅中計了，嫉妒之火熊熊燃燒，奧賽羅誤以為自己的妻子黛緹真的跟自己的朋友卡西歐有染。妒火中燒的奧賽羅，氣得用棉被悶死妻子。錯誤的嫉妒造成可怕的傷害，當奧賽羅知道這一切都是誤會時，羞愧自殺而死。

三十三、錯誤的判斷

以羅貫中的《三國演義》「反間計」為例。

曹操率領百萬大軍南下，想要一舉統一中國。江東大將周瑜率兵和曹操對抗，他的兵馬不到曹操的十分之一，但周瑜並不怕，因為他知道北方將士不擅水戰，然而，曹操手下有兩位精通水戰的將領：蔡瑁、張允，這兩位將領得先除掉。

這一天，曹操派蔣幹前來勸周瑜投降。周瑜高興極了，他已經想到一個除掉蔡瑁、張允的好方法。周瑜先設下酒宴招待蔣幹，並舉起劍說：「蔣幹先生是我的好朋友，今天我們只談友情，不談軍情，誰要是敢提軍情，就用這把劍殺了他。」

蔣幹被周瑜的一番話嚇得心驚肉跳，不敢再提勸降的事了。

晚上，周瑜假裝喝醉酒，拉著蔣幹和他一起睡。到了深夜，蔣幹看周瑜睡得正熟，又看見桌上擺了一堆文件，便偷偷爬起來看。一看不得了，其中有一封信居然是自己人「蔡瑁、張允」寄來的，蔣幹趕緊打開來看。信上寫著：「周瑜大將軍您好，我們並不是真心投降曹操的，一有機會，我們一定會把曹操的腦袋砍下來，獻給將軍。」

蔣幹大吃一驚，連夜逃回曹營，把信給曹操看。曹操看完信之後，氣得大叫：「來人啊，把蔡瑁、張允這兩個叛賊給推出去斬了。」

下完令，曹操才想到自己中了「反間計」，但已經來不及了，蔡瑁、張允已人頭落地。

三十四、悔恨

以電影《蝴蝶效應》為例。

童年時，小男女主角相遇，他們互有好感，但隨後卻因為小女主角的父親是個變態，造成了一連串的悲劇。

小男孩長大後，擁有特殊能力，他能藉由日記回到過去，因此他一次又一次的回到悲劇的原點，試圖改變過去，但每修正一個悲劇，日後就不小心生出另一個悲劇。

就這樣，男主角先是因為後悔，重回到故事的原點，修改之後，又生出另一個悲劇，他又後悔了，於是再重回另一個故事的原點……後悔、悲劇、後悔、悲劇……不斷的惡性循環。

最後，男主角終於找到一切故事的原點，童年的他與小女主角第一次見面，小男孩狠心的對第一次見面的小女孩說：「我討厭你，滾開。」徹底切斷他與女孩之間日後所有的連結，這才終結了所有的悲劇，但與心愛的女孩一輩子無緣，又何嘗不是一種悔恨。

三十五、親族的重逢

以電影《中央車站》為例。

女主角朵拉是個在巴西里約熱內盧中央車站幫人寫信的中年婦女。某天，有個女人帶著兒子約書亞來請朵拉幫忙寫信給男孩的父親。

朵拉的父親生前是個渾蛋，因此她本能的認定約書亞的父親也是個渾蛋，他早就拋棄他們母子了。隨後，意外發生，約書亞的母親車禍身亡。朵拉將約書亞賣給人蛇集團，然而最後一刻她良心發現，拚了命救出約書亞，但也從此被黑道追殺。

無家可歸的朵拉，只好帶著約書亞，天涯海角到處去尋找約書亞的父親。隨著旅程的展開，朵拉也找到了心中那個消失已久的父親。

電影裡有個很妙的設定，那就是約書亞的父親叫「耶穌」，所以整段旅程其實就是在「尋找耶穌」。電影裡，表面上是在尋找小男孩的父親，其實骨子裡是女主角朵拉在尋找自我的救贖。

三十六、失去所愛之人

以奇士勞斯基的電影《藍色情挑》為例。

故事一開始，女主角茱麗一家發生嚴重車禍，丈夫和女兒當場喪命，痛苦不已的茱麗自殺失敗，從此艱難的展開一個人的生活。

隨著丈夫的死亡，一個又一個祕密慢慢揭開。茱麗的丈夫生前是個著名的音樂家，但他的作品有很多是茱麗幫忙操刀的。隨後，茱麗發現丈夫生前外遇，而他外遇的女孩如今懷孕了。

茱麗恨自己的丈夫嗎？恨外遇懷孕的女孩嗎？如果丈夫還活著，肯定是恨的。但現在，丈夫死了，女兒也死了。從某一個角度來看，外遇女孩肚子裡的孩子其實就是丈夫和女兒的綜合體，死去的他們藉由另一種形式回來了。

最後，茱麗把房子給了外遇女孩肚子裡的孩子，從而走出束縛了自己一輩子的家。

獻給我的兒子——

我欠他一個好故事

故事課

3 分鐘說 18 萬個故事，打造影響力

作　　者——許榮哲

主　　編——林孜懃
封面設計——萬勝安
內頁設計排版——中原造像　魯帆育
行銷企劃——鍾曼靈
出版一部總編輯暨總監——王明雪

發 行 人——王榮文
出版發行——遠流出版事業股份有限公司
104005 台北市中山北路一段 11 號 13 樓
電話：(02)2571-0297　傳真：(02)2571-0197　郵撥：0189456-1
著作權顧問——蕭雄淋律師
2019 年 4 月 1 日初版一刷
2024 年 4 月 20 日初版二十八刷

定價——新台幣 350 元（缺頁或破損的書，請寄回更換）

ISBN 978-957-32-8522-9

ylib 遠流博識網
http://www.ylib.com　E-mail: ylib@ylib.com

國家圖書館出版品預行編目（CIP）資料

故事課：3分鐘說18萬個故事,打造影響力 / 許榮哲著. -- 初版. -- 臺北市 : 遠流, 2019.04
面； 公分
ISBN 978-957-32-8522-9(平裝)

1.行銷學 2.說故事

496 108003533